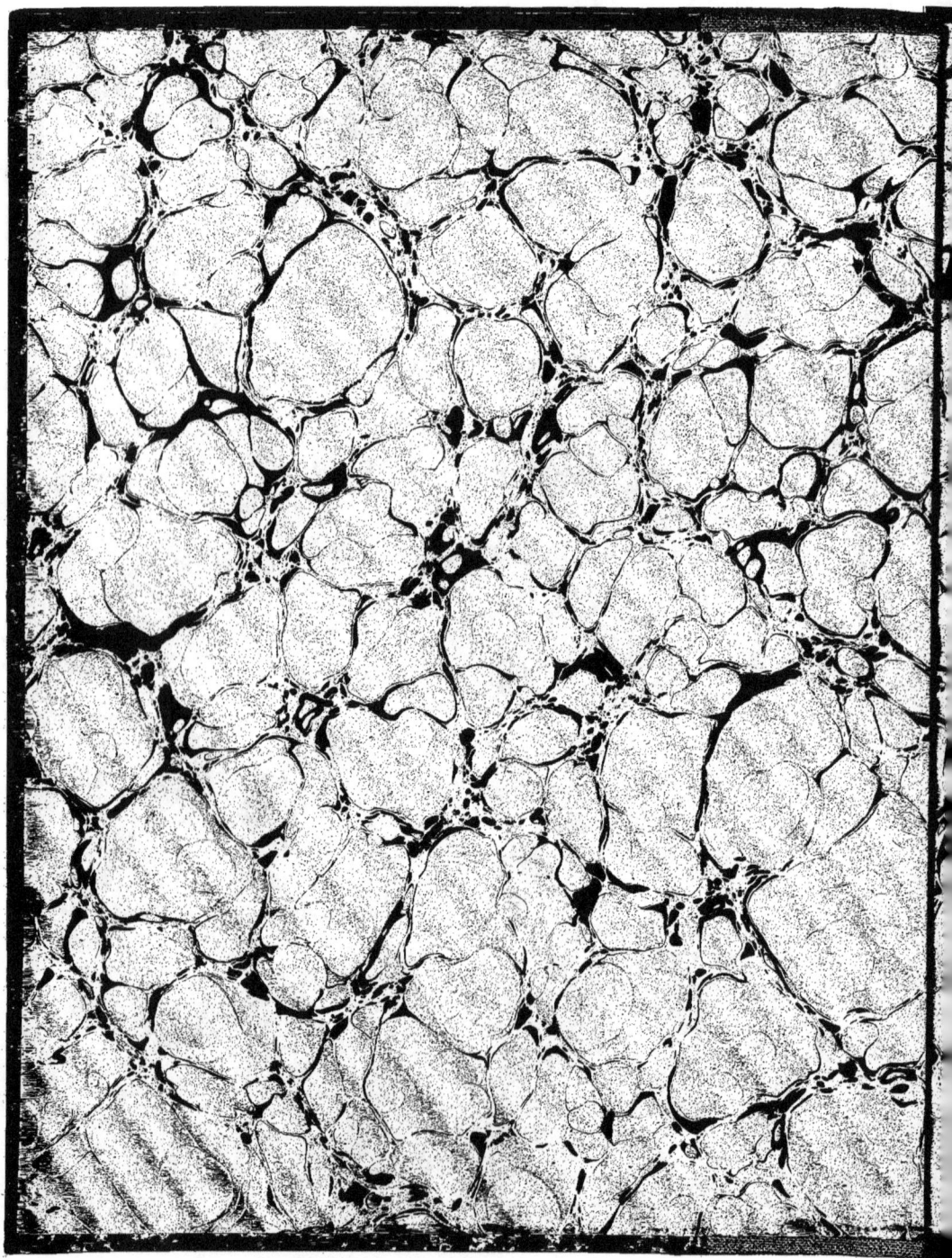

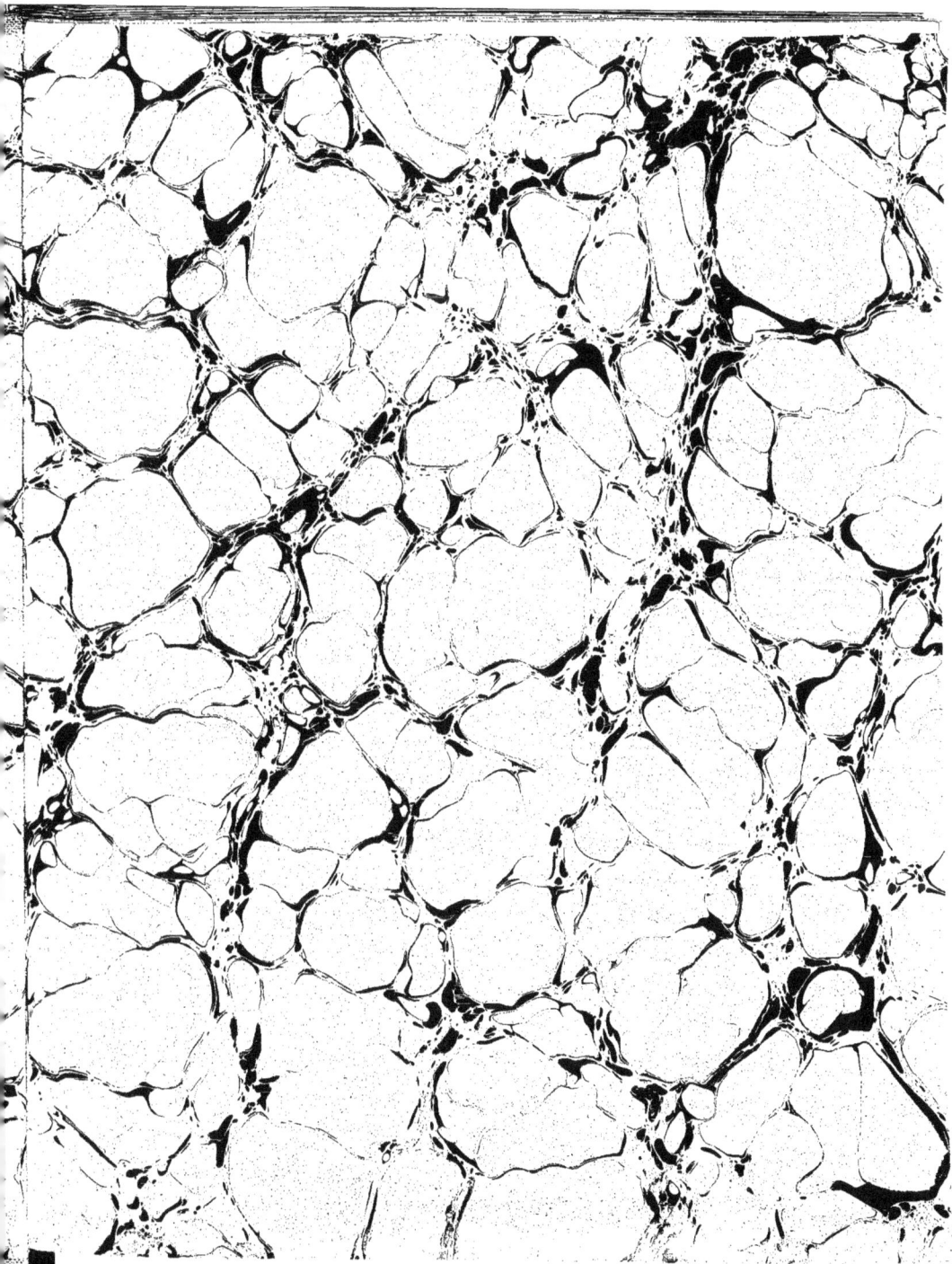

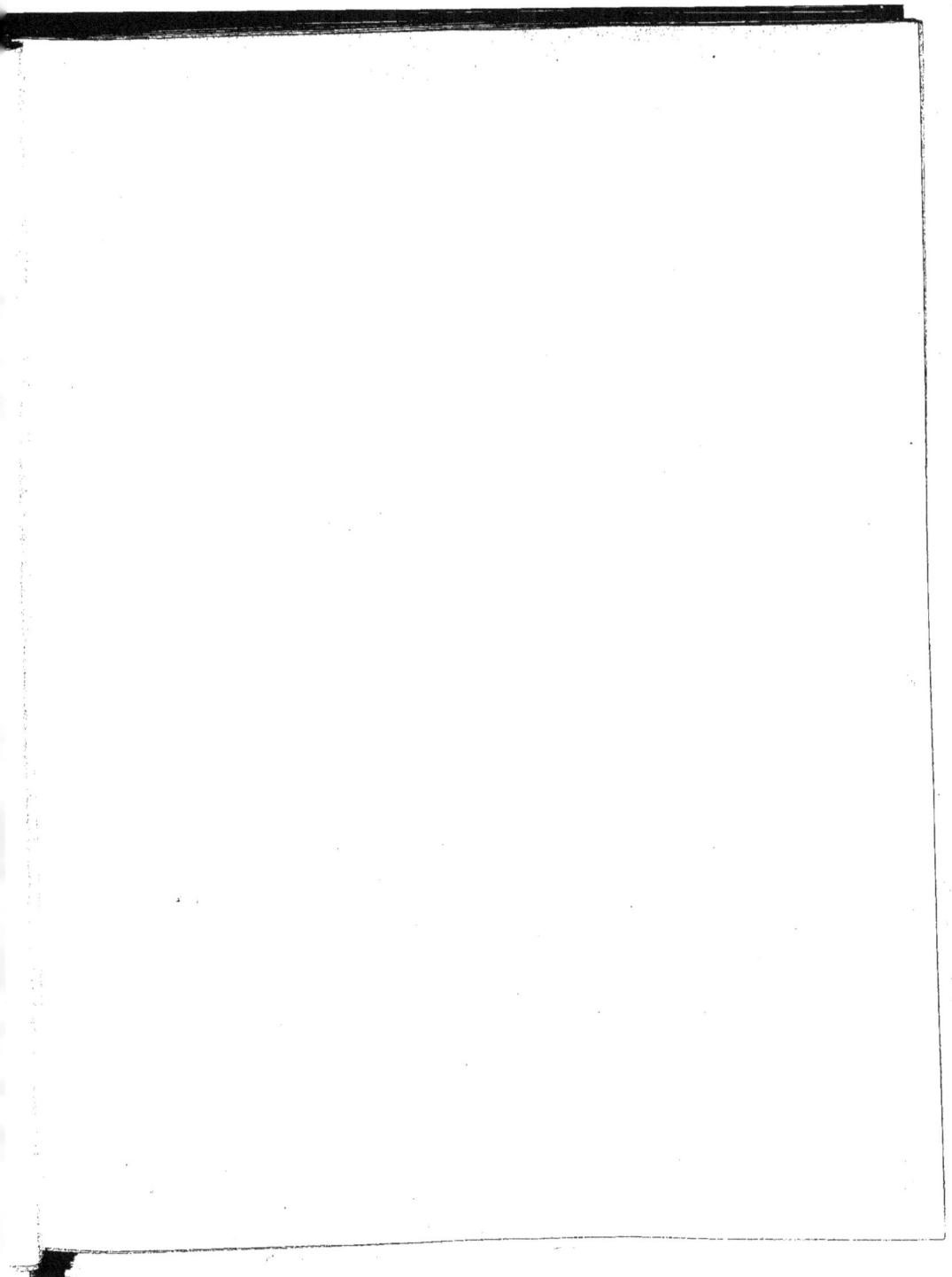

MINISTÈRE DES TRAVAUX PUBLICS

ÉTUDES

DES

GÎTES MINÉRAUX

DE LA FRANCE

PUBLIÉES SOUS LES AUSPICES DE M. LE MINISTRE DES TRAVAUX PUBLICS
PAR LE SERVICE DES TOPOGRAPHIES SOUTERRAINES

BASSIN DE LA BASSE LOIRE

PAR

M. E. BUREAU

PROFESSEUR HONORAIRE AU MUSÉUM D'HISTOIRE NATURELLE

FASCICULE II

DESCRIPTION DES FLORES FOSSILES

ATLAS

PARIS

IMPRIMERIE NATIONALE

1913

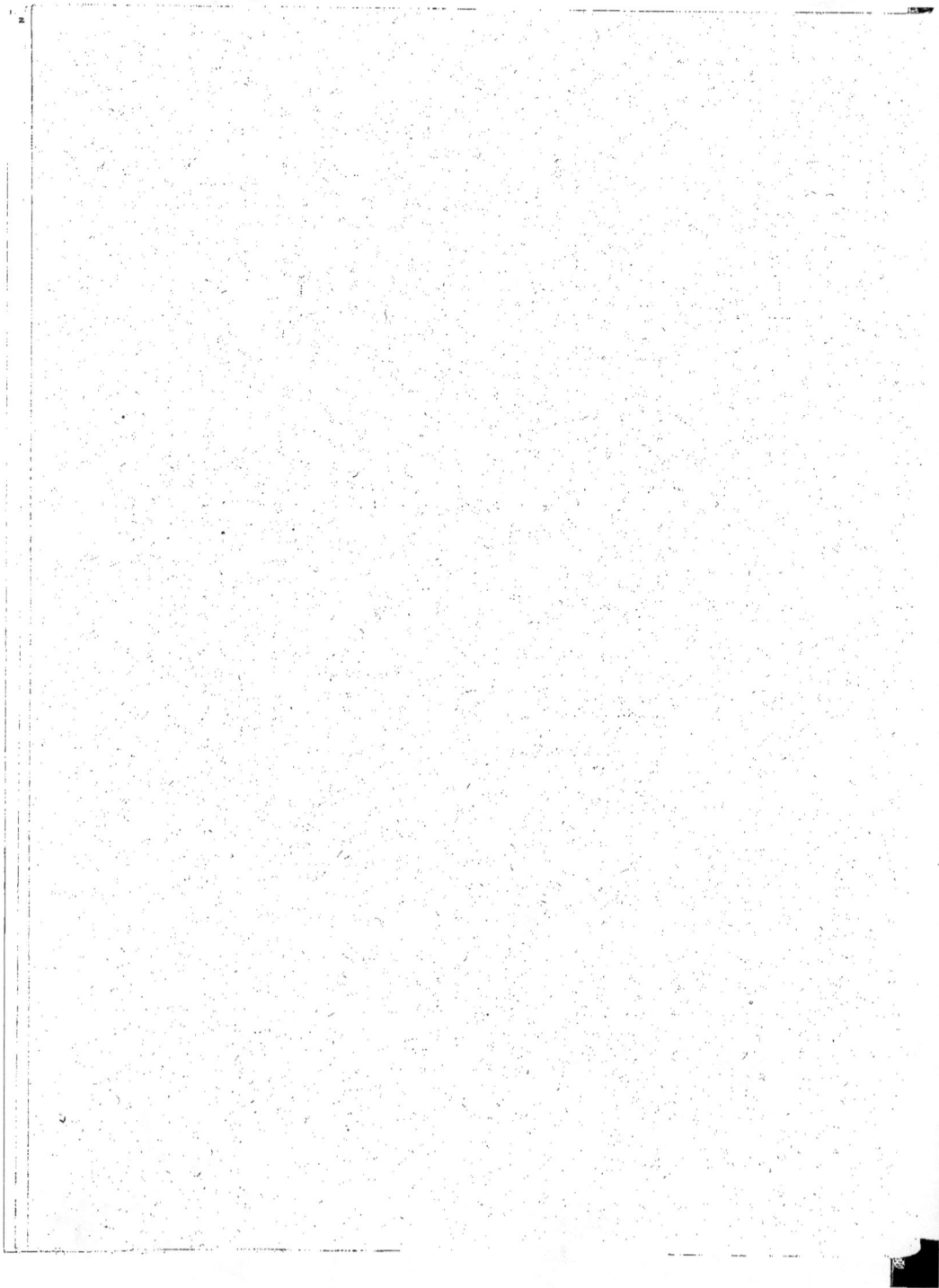

FLORES FOSSILES

DU BASSIN

DE LA BASSE LOIRE

ATLAS

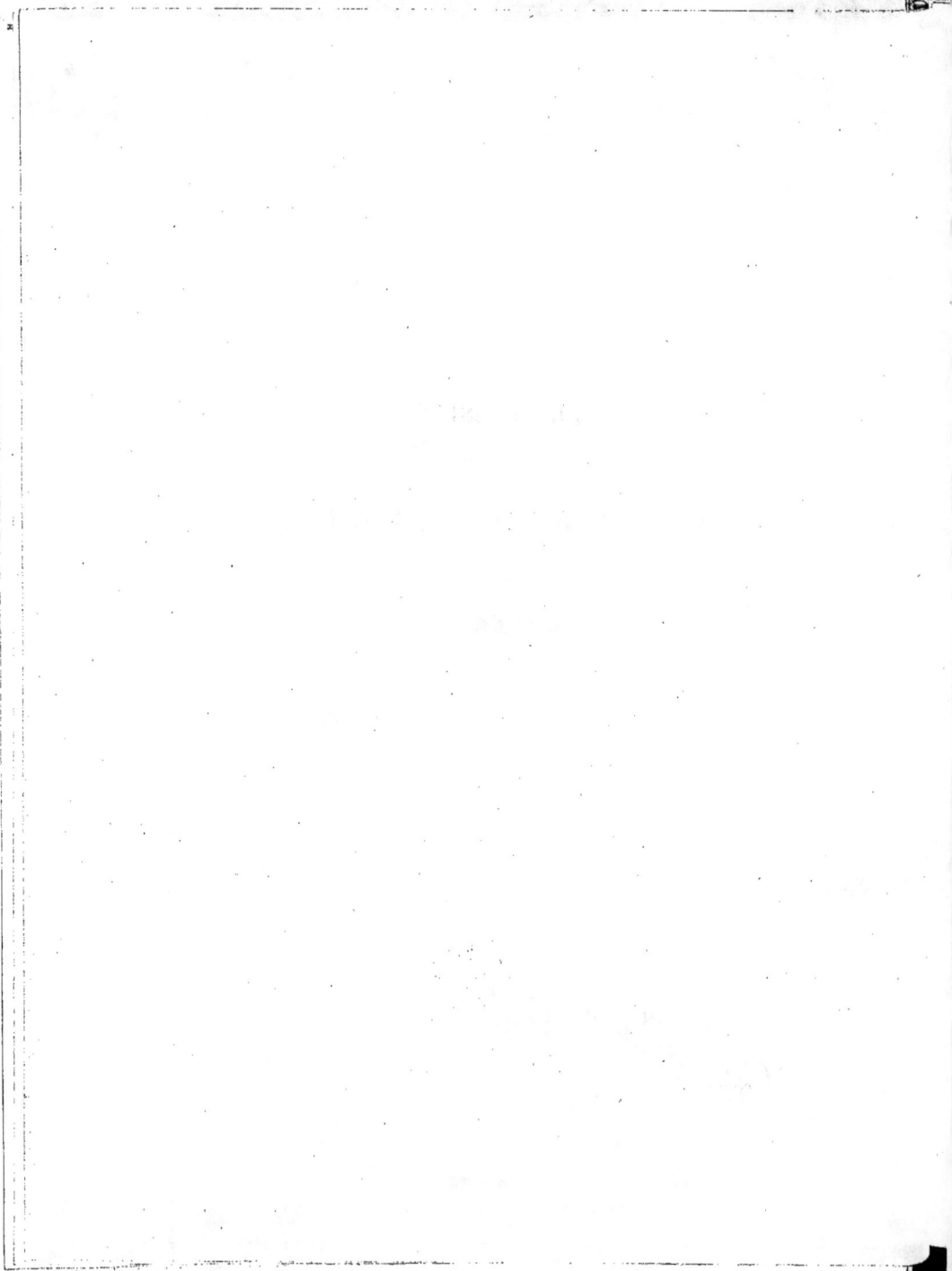

MINISTÈRE DES TRAVAUX PUBLICS

ÉTUDES

DES

GÎTES MINÉRAUX

DE LA FRANCE

PUBLIÉES SOUS LES AUSPICES DE M. LE MINISTRE DES TRAVAUX PUBLICS
PAR LE SERVICE DES TOPOGRAPHIES SOUTERRAINES

BASSIN DE LA BASSE LOIRE

PAR

M. E. BUREAU

PROFESSEUR HONORAIRE AU MUSÉUM D'HISTOIRE NATURELLE

FASCICULE II

DESCRIPTION DES FLORES FOSSILES

ATLAS

PARIS

IMPRIMERIE NATIONALE

1913

INTRODUCTION.

Cet atlas contient les figures de toutes les espèces de plantes fossiles qui ont été recueillies dans le vaste bassin de la basse Loire, les unes dans le commencement du XVIIIᵉ siècle, les autres jusqu'à ces dernières années; mais on peut dire que, dans ce long espace de temps, les recherches de débris végétaux n'ont jamais été tout à fait interrompues. Ces empreintes, en effet, sont tellement nombreuses, tellement bien conservées pour la plupart, qu'elles devaient attirer l'attention et prendre place dans les cabinets des collectionneurs. Cependant aucune étude scientifique ne pouvait être faite sur de simples objets de curiosité, ne portant, le plus souvent, aucune indication précise. Plus tard, d'éminents botanistes comparèrent les plantes fossiles avec celles qui forment les Flores actuelles. C'est ainsi qu'un petit nombre de plantes de la basse Loire furent publiées dans l'*Histoire des végétaux fossiles* d'Ad. Brongniart. Mais cet important ouvrage resta incomplet, et il en fut de même de l'œuvre de Sternberg, qui avait tenté pour l'Allemagne ce que Brongniart avait entrepris pour la France.

Beaucoup de temps s'écoula avant qu'on osât aborder des œuvres générales : on essaya d'abord des Flores fossiles locales. Il arriva naturellement que presque toutes avaient pour objet des niveaux géologiques différents, et c'est seulement après l'apparition des beaux travaux de MM. Grand'Eury, Zeiller et Stur qu'on put distinguer plusieurs niveaux dans le bassin de la basse Loire. On pouvait dès lors, non seulement comparer les plantes fossiles de la basse Loire avec celles déjà reconnues ailleurs, mais encore reconnaître, dans le

IMPRIMERIE NATIONALE.

bassin même angevin breton, plusieurs niveaux secondaires. Stur, particulièrement, qui a décrit et figuré les couches d'Ostrau et de Waldenburg, nous a permis de constater, dans la basse Loire comme dans les schistes allemands, la partie supérieure du culm.

Les anciens documents étant, comme je l'ai dit, insuffisants, il m'a fallu entreprendre l'exploration minutieuse du bassin dans toute sa longueur, qui mesure 109 kilomètres. J'ai visité tous les puits, en activité ou abandonnés, et j'ai répété les explorations de ceux qui étaient à ma portée, ou qui étaient signalés par d'anciens explorateurs. Ces recherches m'ont demandé plus d'une vingtaine d'années, et m'ont procuré au moins 1,000 échantillons. Je ne regrette pas cette abondante récolte, car beaucoup de puits sont aujourd'hui abandonnés. La plupart de ces fossiles ont été remis par moi au Muséum d'histoire naturelle de Paris. Le Muséum d'histoire naturelle de Nantes en a aussi une belle collection.

Les planches du présent atlas les plus anciennes sont en lithographie; les autres, les plus récentes, sont en phototypie. Cet atlas, commencé depuis longtemps, s'il manque d'homogénéité, montrera du moins les perfectionnements réalisés pour les figures qui accompagnent les travaux scientifiques.

TABLE ALPHABÉTIQUE

DES ESPÈCES FIGURÉES.

B.

PLANCHE I

PLANCHE I.

EXPLICATION DES FIGURES.

DÉVONIEN SUPÉRIEUR.

Fig. 1. — **Bornia transitionis** F.-A. Roemer. Tranchée près du pont du chemin de fer, à l'ouest de la gare d'Ancenis (Loire-Inférieure).

Fig. 2. — **Calamodendron tenuistriatum** Dawson. Cela paraît bien être la plante publiée par Dawson sous ce nom; mais il n'est pas du tout sûr que ce soit un *calamodendron*. Environs d'Ancenis.

Fig. 3. — **Pinnularia mollis** Ed. Bur. Racine d'une calamariée. Même localité que le *Bornia transitionis*.

Fig. 4. — **Sphenophyllum involutum** Ed. Bur. Rameau portant un seul ramuscule latéral à un nœud.

Fig. 4 A. — Le même grossi deux fois.

Fig. 5. — **Sphenophyllum involutum** Ed. Bur. Rameau avec base déchirée d'un verticille de feuilles.

Fig. 6 à 11. — Rameaux de la même espèce portant au sommet un ou plusieurs verticilles de feuilles. Ces verticilles sont vus par le côté.

Fig. 12 et 13. — Verticilles superposés, vus de côté.

Fig. 9 A. — Verticilles superposés, vus de côté, grossis deux fois.

Fig 14, 15, 17. — Verticilles de feuilles vus par-dessous.

Fig. 16, 18. — Verticilles de feuilles vu par-dessus.

Le **Sphenophyllum involutum** n'a été trouvé qu'une fois, dans les déblais d'un puits creusé dans les schistes dévoniens supérieurs, au nord de la route de Saint-Géréon à Ancenis (Loire-Inférieure).

Pl. 1.

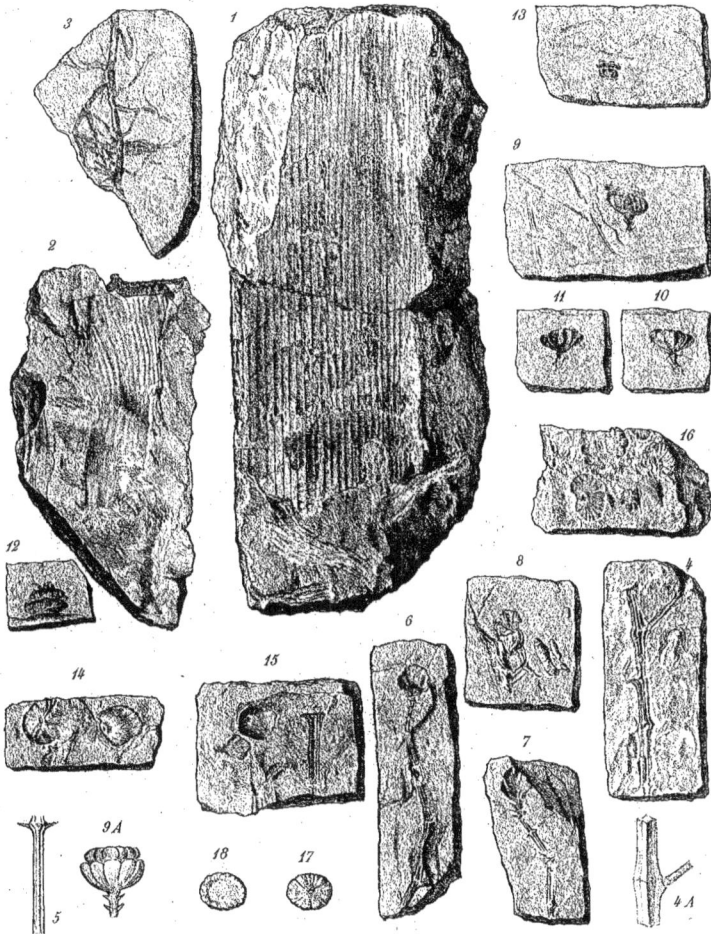

Dessiné d'ap.nat. et lith. par d'Apreval. Sté des Imp.rs LEMERCIER, Paris.

PLANCHE I^{BIS}

PLANCHE I*BIS*.

DÉVONIEN SUPÉRIEUR.

Fig. 1. — **Lepidodendron acuminatum** Vaffier. La phototypie ne rendant pas suffisamment les caractères, en raison de l'état fruste de la roche, j'ai fait dessiner, pour faciliter la détermination, quelques coussinets de ce *Lepidodendron* empruntés à l'ouvrage de M. Vaffier.

Fig. 2. — **Lepidodendron Gaspianum** Daws. Carrière du Fourneau Neuf, à l'est de Chaudefonds (Maine-et-Loire). Grossi deux fois.

Fig. 3. — **Cephalotheca mirabilis** Nathorst. Rachis stérile, à ramification réfractée, trouvé par M. Ferronnière, près d'Ancenis (Loire Inférieure). Grandeur naturelle.

Fig. 4. — **Cephalotheca mirabilis** Nathorst. Inflorescence. M. Ferronnière, même gisement.

Fig. 4 A. — Même échantillon, grossi deux fois.

Fig. 5. — **Psilophyton princeps** Dawson. Fragment de rhizome. Entre Saint-Géréon et Ancenis (Loire-Inférieure). Louis Bureau.

Fig. 6. — **Psilophyton princeps** Dawson. Fragment de rhizome plus gros. Carrière de Paincourt, près de Montjean (Maine-et-Loire). Louis Bureau.

Fig. 6 A. — Le même échantillon, grossi deux fois.

Fig. 7. — **Psilophyton princeps** Dawson. Grosse tige stérile, feuillée, bifurquée. Schistes et grès dévoniens au sud de la Loire (Maine-et-Loire).

Fig. 8. — **Psilophyton princeps** Dawson. Petit rameau stérile ayant perdu ses feuilles, sauf une dans le haut. Carrière Sainte-Anne (Maine-et-Loire). Louis Bureau. Grossi deux fois.

Fig. 9. — **Psilophyton princeps** Dawson. Rameau stérile bifurqué, sans feuilles. Carrière de Paincourt, près Montjean (Maine-et-Loire). Louis Bureau.

Fig. 9 A. — Même rameau, grossi deux fois.

Fig. 10. — **Psilophyton princeps** Dawson. Portion de rameau contourné en crosse. Châteaupanne (Maine-et-Loire). Ed. Bureau.

Fig. 11. — **Psilophyton princeps**. Mince rameau fertile, sans feuilles, rameux. Carrière près du Fourneau Neuf, à l'est de Montjean (Maine-et-Loire). Louis Bureau.

Fig. 12. — **Psilophyton princeps** Dawson. Sporanges? Tunnel au nord de la carrière de Châteaupanne (Maine-et-Loire).

Fig. 13. — **Barrandeina Dusliana** Stur. Tige, schistes dévoniens d'Ancenis (Loire-Inférieure). M. Ferronnière.

Fig. 13 A. — Même échantillon, grossi deux fois.

Fig. 14. — **Pteridorachys** Nathorst. Schistes d'Ancenis (Loire-Inférieure).

Fig. 15. — **Psilophyton ? glabrum** Dawson. Schistes d'Ancenis (Loire-Inférieure).

CULM INFÉRIEUR.

Fig. 16. — **Rothrodendron Deravi** Vaffier. Petite carrière servant de lavoir, à la Nouvelle-Orchère, au sud de Montjean (Maine-et-Loire).

Pl. I*bis*

PLANCHE II

IMPRIMERIE NATIONALE.

PLANCHE II.

EXPLICATION DES FIGURES.

DÉVONIEN SUPÉRIEUR.

Fig. 1. — **Rothrodendron brevifolium.** Rameau feuillé. Près d'Ancenis. M. G. Ferronnière.

Fig. 1 A. — Partie de l'échantillon précédent grossi deux fois.

Fig. 2. — **Psilophyton spinosum** Potonié et Bernard. Rameaux en crosse. Même localité que le *Bothrodendron brevifolium.* M. G. Ferronnière.

CULM INFÉRIEUR.

Fig. 3. — **Archæopteris pachyrrhachis,** β *stenophylla* Gœpp. Environs de Cop-Choux (Loire-Inférieure). Ed. Bureau.

Fig. 3 A. — Même échantillon, grossi deux fois.

Fig. 4. — **Rhodea Hochstetteri** Stur. La Bégairie, au sud de Montjean (Maine-et-Loire). Louis Bureau.

Fig. 5. — **Rachiopteris lævis,** n. sp. Rachis de Fougère ou de Ptéridospermée. Entre la Barrière et le Cherpe, commune de Mésanger (Loire-Inférieure).

Fig. 6. — **Lepidodendron Veltheimianum.** Tige. Même localité que le n° 5. Ed. Bur.

Fig. 7. — **Lepidocladus fuissensis** Vaffier. Rameaux feuillés, caducs. Petite carrière, à la Nouvelle-Orchère, sud de Montjean (Maine-et-Loire). Louis Bureau.

Fig. 8. — **Stigmaria ficoides** Ad. Brongniart, *a vulgaris.* Bourg de Montrelais (Loire-Inférieure). G. Ferronnière.

Fig. 9. — **Bornia transitionis** F.-A. Roem. — Petite carrière de la Chauvinière, au S. O. de Montjean (Maine-et-Loire). Louis Bureau.

Pl. II.

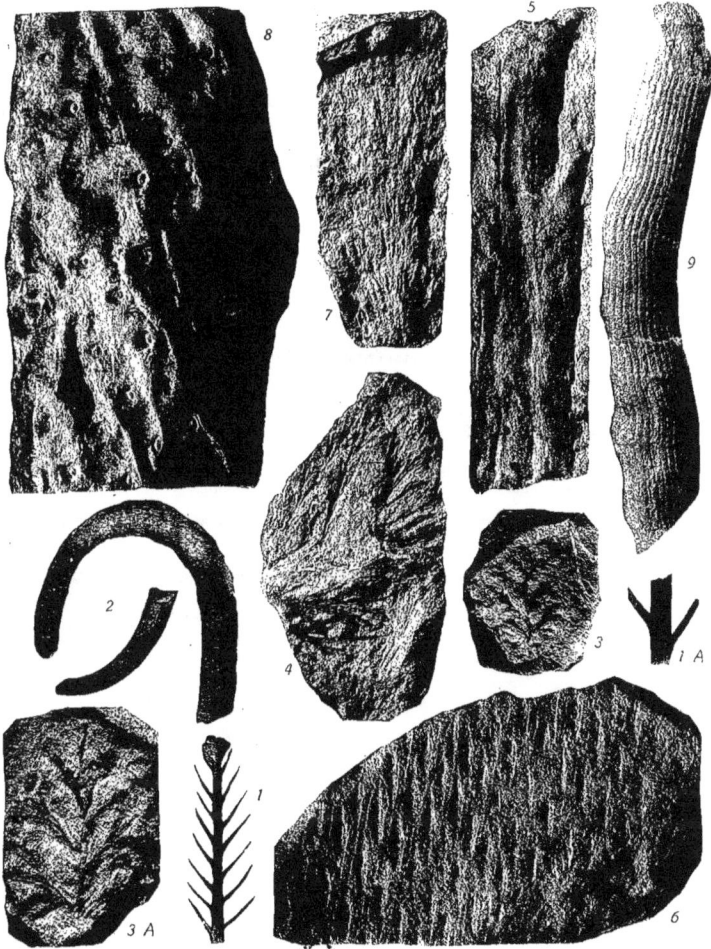

PLANCHE III.

———

EXPLICATION DES FIGURES.

——

CULM INFÉRIEUR.

FIG. 1. — **Lepidodendron obovatum** STERNBERG. Fragment d'une grosse tige. Environs de Cop-Choux (Loire-Inférieure).

FIG. 2. — **Lepidodendron rimosum** STERNBERG. Fragment d'une grosse tige. Environs de Cop-Choux (Loire-Inférieure).

FIG. 3. — **Bornia transitionis** F.-A. RŒM. Un assez gros rameau, montrant une seule articulation entourée de cicatrices de feuilles. Même localité.

FIG. 4. — **Bornia transitionis** F.-A. RŒM. Fragment d'une grosse tige à côtes larges, déprimées sur le dos. Même localité.

FIG. 5. — **Stigmaria ficoides** AD. BRONGNIART, *θ elliptica* Goeppert. Bourg de Montrelais. G. Ferronnière.

PL. III.

2

1

5

4

3

Dessiné d'ap.nat.et.lith.par d'Apreval

Sté des Imp.ies LEMERCIER,Paris.

PLANCHE IV

PLANCHE IV.

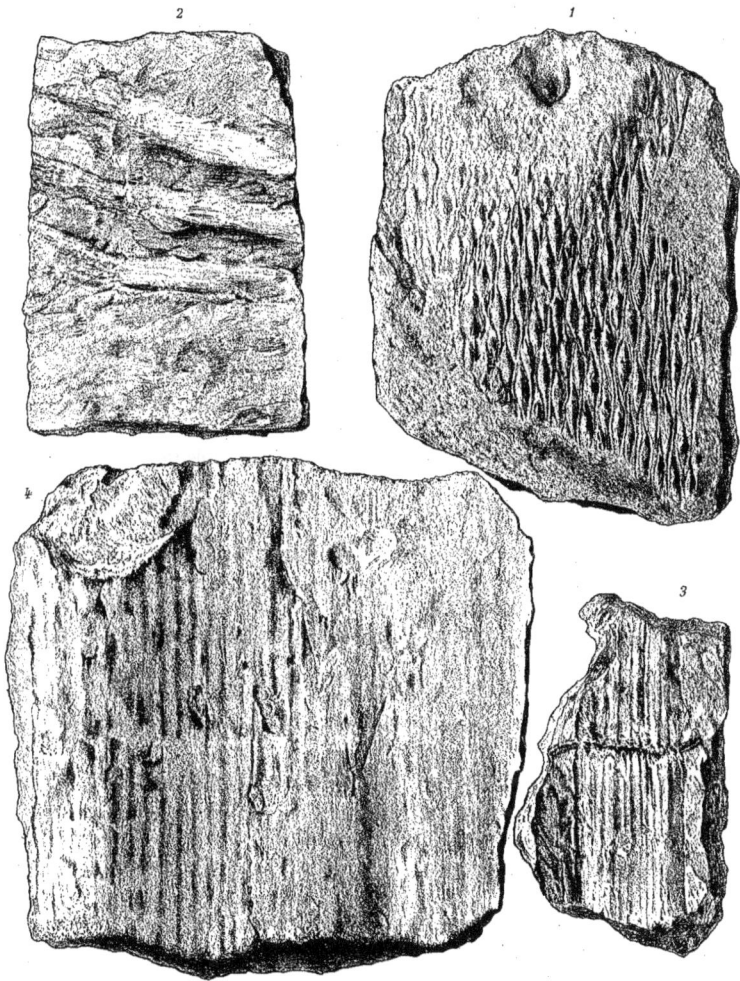

Dessiné d'ap. nat. et lith. par d'Apreval   S^{té} des Imp^{ies} Lemercier. Paris

PLANCHE V.

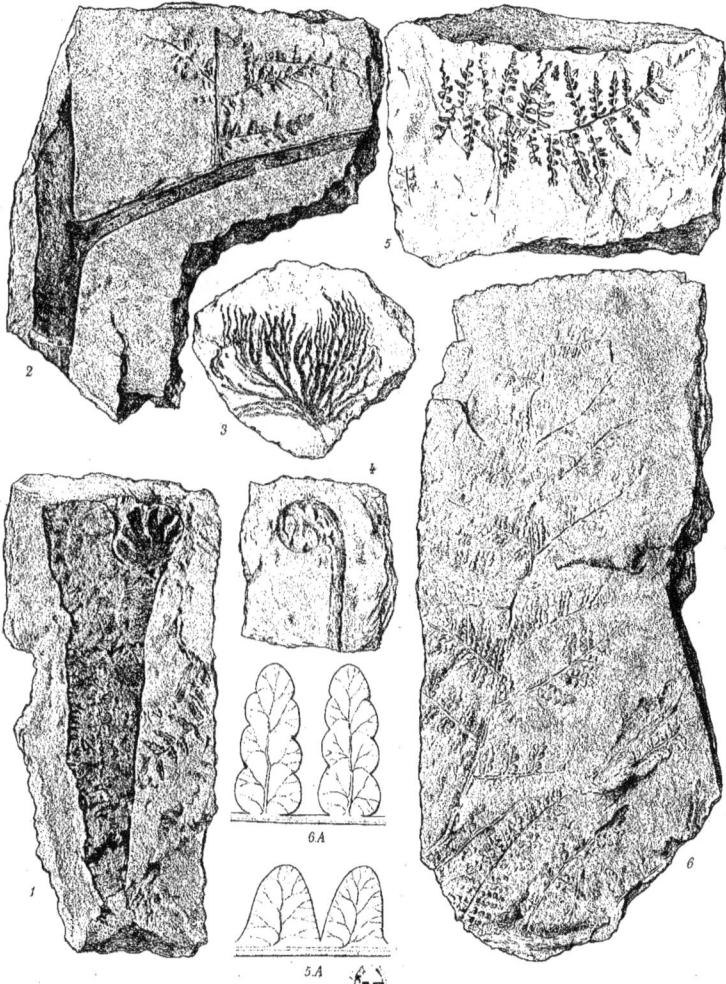

Dessiné d'ap. nat. et lith. par d'Apreval

S^te des Imp^ies Lemercier, Paris

PLANCHE VI.

EXPLICATION DES FIGURES.

CULM SUPÉRIEUR.

Fig. 1. — **Dactylotheca aspera** Zeiller. Partie moyenne d'une fronde.

Fig. 1 A à 1 D. — Pinnules du même échantillon grossies deux fois.

Fig. 1 E et 1 F. — Pinnules et lobes du même échantillon grossis quatre fois. Montjean, près de Chalonnes (Maine-et-Loire), puits Saint-Nicolas, veines du sud. Adr. Brongniart, 1845. Muséum, Catalogue d'entrée des plantes fossiles, n° 4660.

1 C   1 D   1

1 F

1 A

1 E   1 B

Sté des Imp.ies LEMERCIER, Paris.

PLANCHE VII.

EXPLICATION DES FIGURES.

CULM SUPÉRIEUR.

Fig. 1. — **Dactylotheca aspera** Zeiller. Penne fructifiée. Échantillon recueilli par M. Virlet en 1828. Catal. d'entrée du Mus. d'hist. nat. de Paris, plantes fossiles, n° 308.

Fig. 1 A. — Penne secondaire de l'échantillon précédent grossie deux fois. Fructifications groupées par deux (ce n'est pas assez visible ici) ou isolées.

Fig. 2. — **Odontopteris antiqua** Dawson. — Extrémité de pennes. Carrière de la Rivière, commune de Teillé (Loire-Inférieure).

Fig. 2 A. — Extrémité de penne de l'échantillon précédent, grossie deux fois.

Fig. 2 B. — Pinnule du même, grossie quatre fois.

Fig. 3. — **Sphenopteridium dissectum** Schimper. Fragment de fronde non loin du sommet. La Tardivière, commune de Mouzeil (Loire-Inférieure).

Fig. 3 A. — Extrémité de penne du même échantillon, grossie trois fois.

Fig. 3. B. — Pinnule grossie trois fois.

Fig. 4. — **Calymmatotheca obtusiloba**. Puits Saint-Georges. La Tardivière, commune de Mouzeil (Loire-Inférieure).

Fig. 4 A. — Pinnule inférieure de la penne ci-dessus. Cette pinnule est trilobée. Grossie deux fois.

Fig. 4 B. — Pinnule moyenne de la même penne, non lobée. Grossie deux fois.

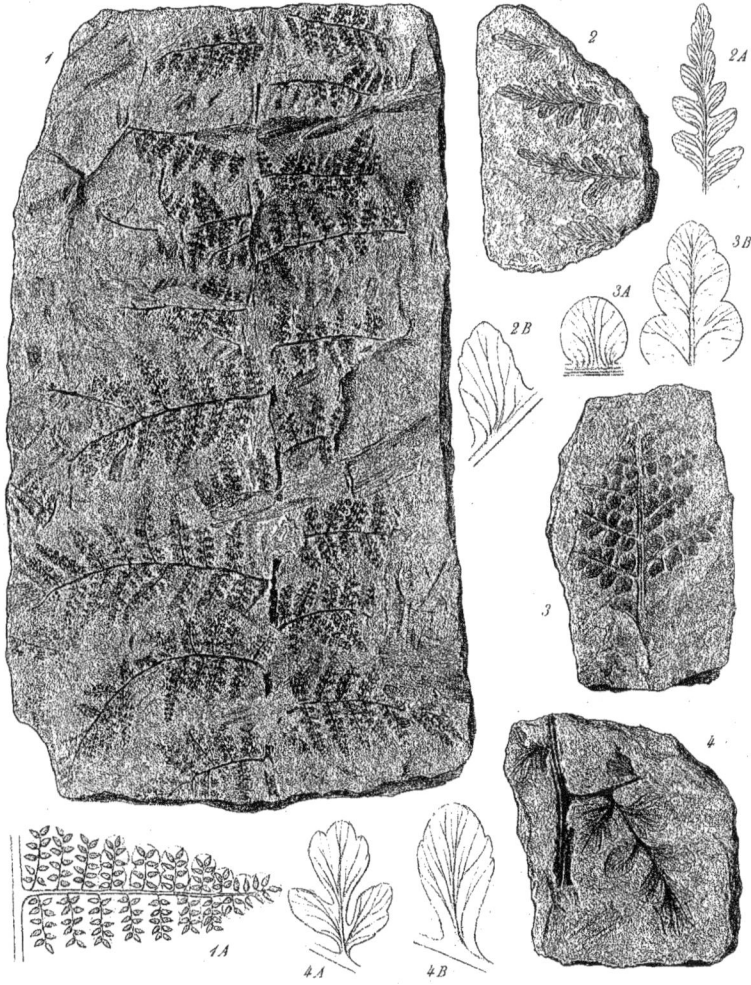

Dessiné d'après nat. et lith. par d'Apreval.   Imp^{tes} Lemercier, Paris.

PLANCHE VIII

PLANCHE VIII.

EXPLICATION DES FIGURES.

CULM SUPÉRIEUR.

Fig. 1. — **Calymmatotheca obtusiloba.** Fragments de grandes pennes primaires. La Tardivière, commune de Mouzeil (Loire-Inférieure).

Fig. 1 A, 1 B. — Pinnules du même échantillon grossies deux fois.

Fig. 2. — **Senftenbergia plumosa** ZEILLER. Saint-Georges-sur-Loire, puits de la Mazière. Ad. Brongniart, 1845. Catal. Mus., n° 4635.

Fig. 2 A. — Fragment de penne du même échantillon, grossi quatre fois.

Fig. 3. — **Senftenbergia plumosa** ZEILLER. Fragments de pennes. Même provenance.

Fig. 3 A. — Même échantillon. Pinnules grossies deux fois.

Fig. 4. — **Senftenbergia plumosa** ZEILLER. Échantillon fructifié vu par la face supérieure des pennes. Saint-Georges-sur-Loire. Puits de la Mazière. Ad. Brongniart, 1845.

Fig. 4 A. — Partie du même échantillon grossi deux fois.

Pl. VIII.

PLANCHE IX

PLANCHE IX.

EXPLICATION DES FIGURES.

CULM SUPÉRIEUR.

Fig. 1. — **Rhacopteris Virletii.** *Sphenopteris Virletii* Ad. Brongniart. Échantillon type, figuré par Ad. Brongn. *Hist. des vég. foss.*, p. 58, fig. 1. Deux pennes. Saint-Georges-Chatelaison, près Doué (Maine-et-Loire). Virlet, 1828, Cat. Mus., n° 308.

Fig. 2. — **Rhacopteris Virletii.** Une pinnule presque entière, base de pinnule et rachis. La Guérinière, concession des Touches (Loire-Inférieure). Ed. Bureau.

Fig. 3. — **Nevropteris antecedens** Stur. Saint-Georges-sur-Loire, près de Chalonnes (Maine-et-Loire), puits du Port-Girault. Ad. Brongniart, 1845. Cat. Mus., n° 4646.

Fig. 3 A. — Deux pinnules du même échantillon grossies quatre fois.

Fig. 4. — **Calymmatotheca tenuifolia.** Rameaux fructifères dichotomes, chacun portant à sa terminaison un involucre de 6-8 folioles soudées à leur base. Elles entouraient une graine qui est tombée. Puits Préjean, la Tardivière, commune de Mouzeil (Loire-Inférieure).

Fig. 5. — Involucre au sommet d'un rameau. Même espèce.

Fig. 6. — Deux involucres de la même espèce, étalés. Puits Henri, La Tardivière, commune de Mouzeil (Loire-Inférieure).

Fig. 6 A. — Même échantillon. Involucre étalé, grossi deux fois.

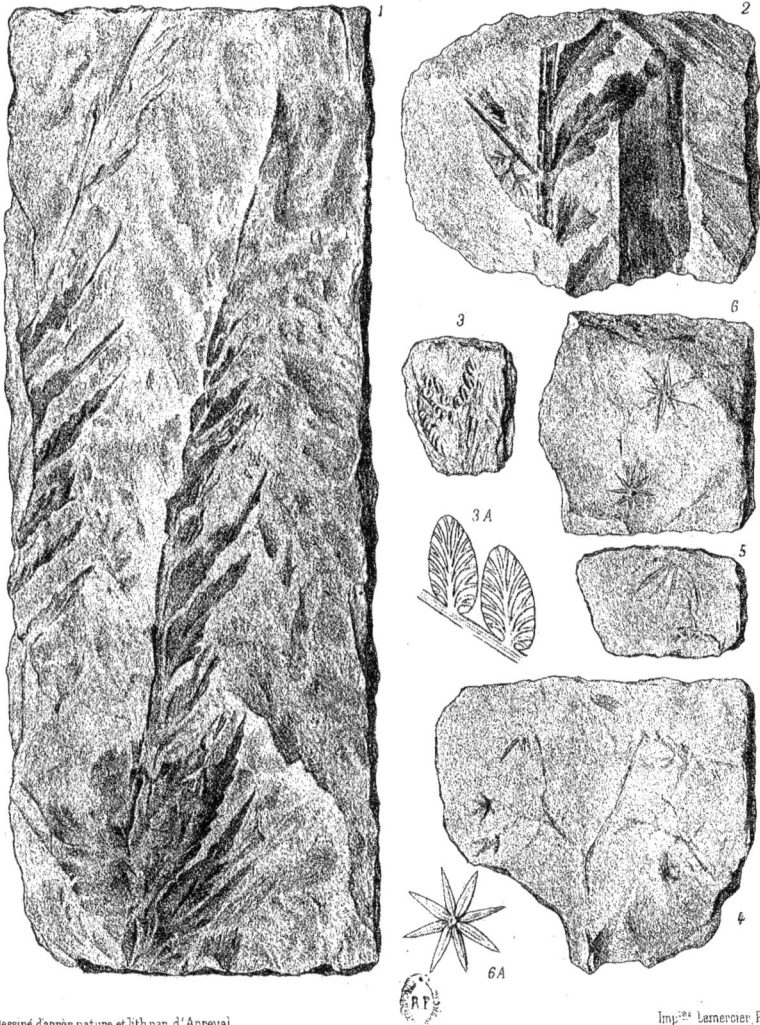

Imp.^{te} Lemercier, Paris.

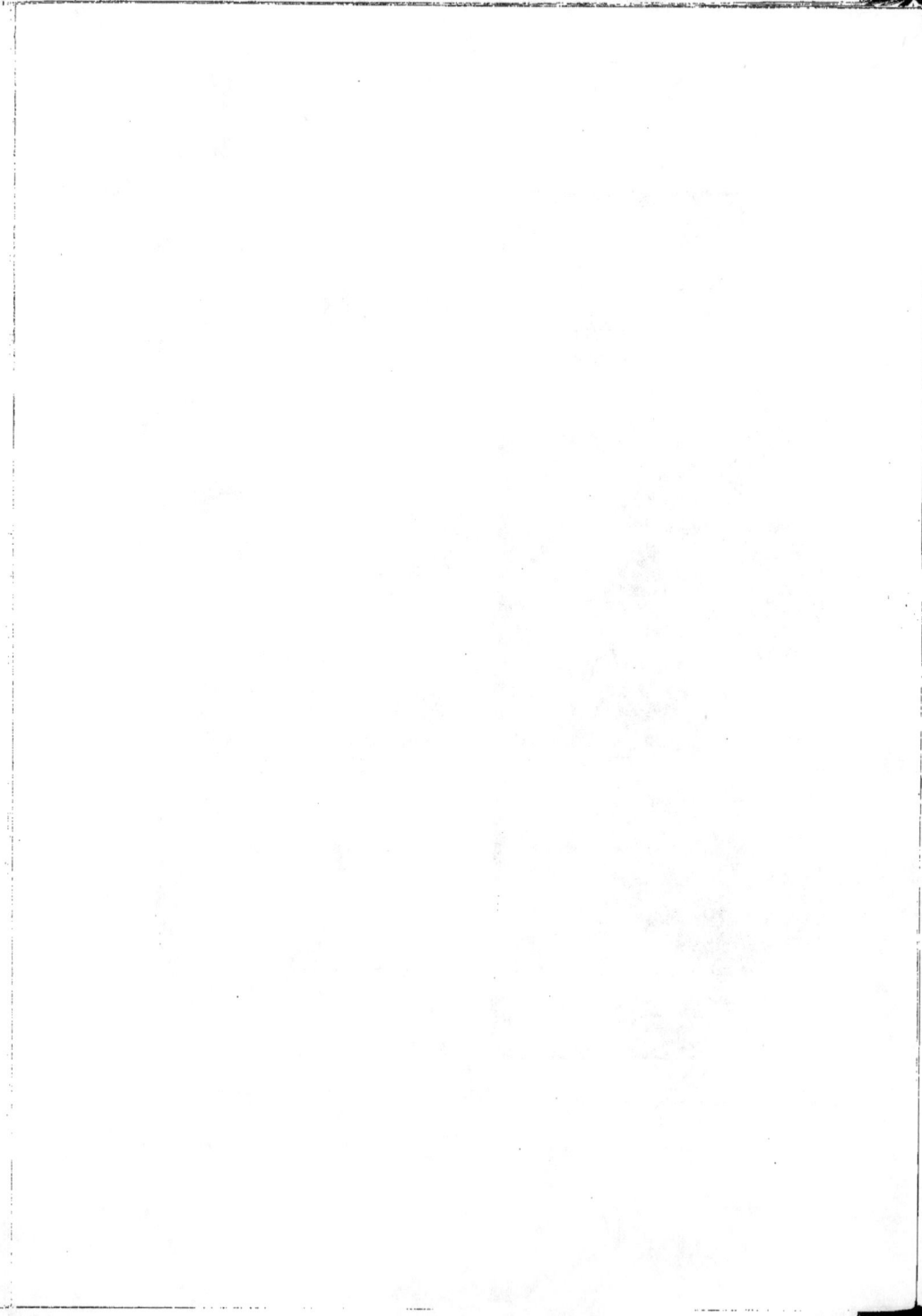

PLANCHE X

PLANCHE X.

EXPLICATION DES FIGURES.

CULM SUPÉRIEUR.

F<small>IG</small>. 1. — **Calymmatotheca Dubuissonis.** *Calymmotheca* S<small>TUR</small>. Partie d'une grande plaque couverte de fragments de cette espèce. Au milieu une penne primaire bifurquée, reconnaissable à son rachis strié, cannelé, et non réticulé comme le serait le rachis principal. Une penne secondaire (il y en avait probablement une paire) au-dessous de la bifurcation. Les deux branches de la bifurcation s'écartent à angle très aigu et portent chacun deux séries de pennes secondaires. Puits n° 2, Languin (Loire-Inférieure). Ed. Bur., Cat. Mus. Par., n° 7357.

F<small>IG</small>. 1 A.
F<small>IG</small>. 1 B.
F<small>IG</small>. 1 C.
F<small>IG</small>. 1 D.
} Pinnules du même échantillon montrant leur décroissance de la base au sommet d'une penne secondaire. Grossi trois fois.

F<small>IG</small>. 1 E. — Un des organes de fructification détaché mêlé aux fragments de fronde de *Calymmatotheca Dubuissonis* sur l'échantillon précédent. Quelques-uns semblent présenter un commencement de déhiscence. Grossissement, deux fois et demie.

1A 1B 1C

1D 1E

1

Dessiné d'après nature et lith. par d'Apreval et Solier.

Imp.^{ies} Lemercier, Paris.

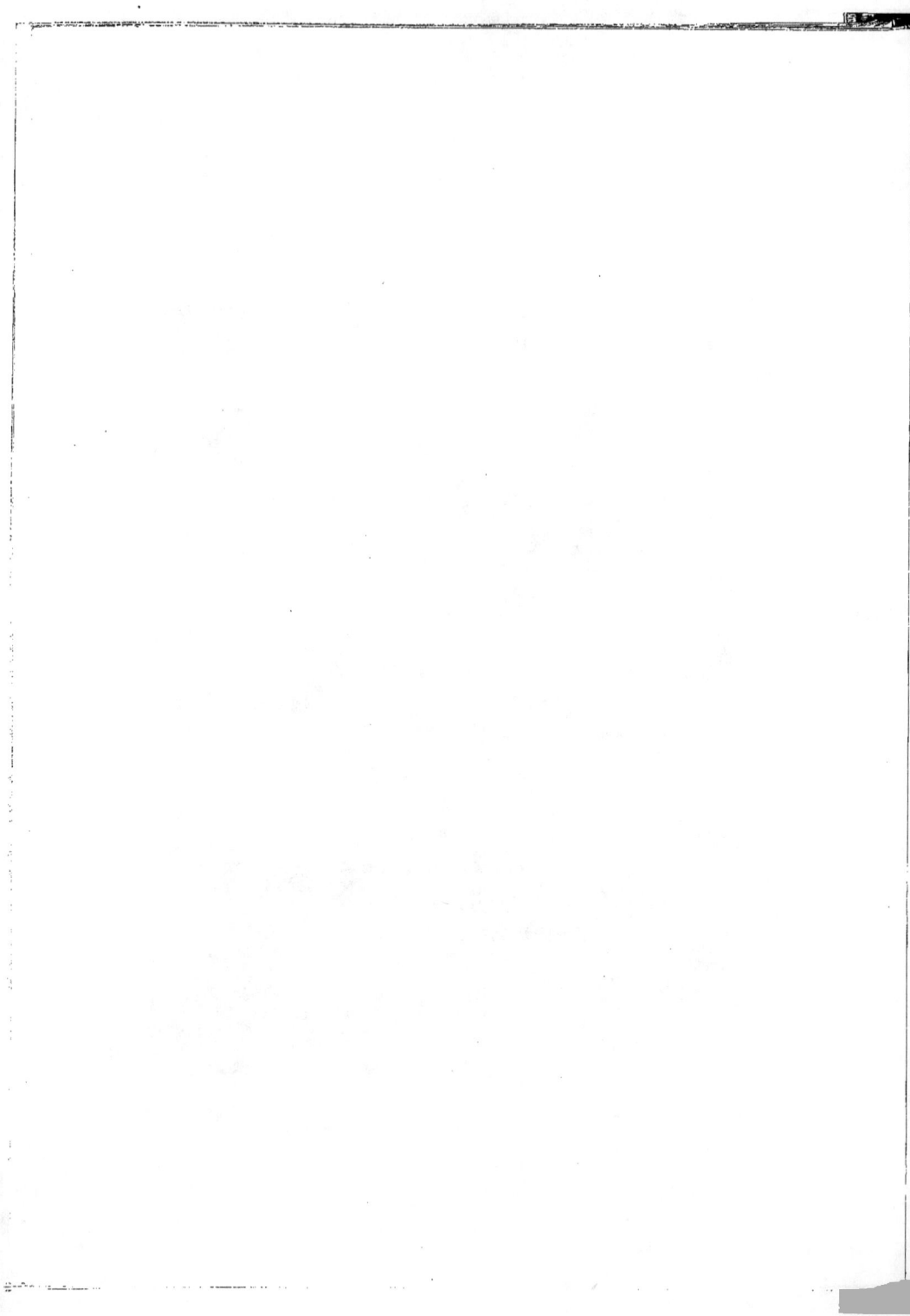

PLANCHE XI

PLANCHE XI.

EXPLICATION DES FIGURES.

CULM SUPÉRIEUR.

FIG. 1. — **Dactylotheca aspera** ZEILLER. Gros rachis montrant les poils squammeux sur le bord, et la cicatrice, d'autres poils sur la face, portant dans le bas, à gauche, la partie inférieure d'une penne secondaire. Mine de Beaulieu (Maine-et-Loire). Muséum de Nantes.

FIG. 1 A. — Pinnule du même échantillon, grossie deux fois.

FIG. 2. — **Dactylotheca aspera** ZEILLER. Extrémité d'une penne montrant la décroissance des pinnules. La Tardivière, commune de Mouzeil (Loire-Inférieure).

FIG. 2 A. — Pinnule du même échantillon, grossie deux fois.

FIG. 3. — **Calymmatotheca Dubuissonis.** Partie moyenne d'une fronde. Longues pennes secondaires. Entre les pennes, une capsule elliptique, encore close. Puits Henri, La Tardivière, commune de Mouzeil (Loire-Inférieure).

FIG. 3 A. — Pinnule de l'échantillon précédent, grossie trois fois.

3

3A

1

2A

2

1A

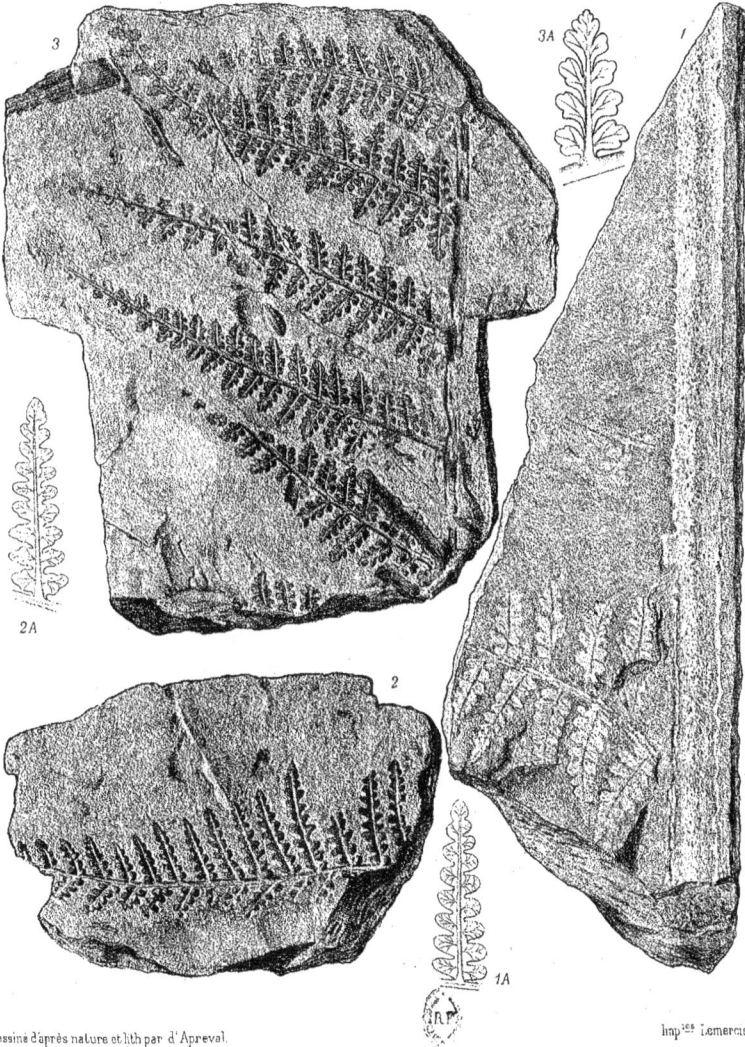

Dessiné d'après nature et lith par d'Apreval.

Imp.^{ie} Lemercier, Paris.

PLANCHE XII.

EXPLICATION DES FIGURES.

CULM SUPÉRIEUR.

FIG. 1. — **Calymmatotheca Dubuissonis**. Rachis principal à surface réticulée. Rachis secondaire légèrement cannelé et portant des pennes secondaires. Puits Saint-Georges, La Tardivière, commune de Mouzeil (Loire-Inférieure).

FIG. 2. — **Calymmatotheca Dubuissonis**. Extrémité d'une penne secondaire ou d'une fronde.

FIG. 2 A. — Deux pennes de l'échantillon précédent, grossies deux fois.

FIG. 2 B. — Deux pinnules du même échantillon, grossies trois fois.

FIG. 3. — **Calymmatotheca Dubuissonis**. Partie moyenne d'une des branches de la bifurcation. La Tardivière, commune de Mouzeil (Loire-Inférieure).

FIG. 3 A. — Portion d'une penne primaire de l'échantillon précédent, grossie deux fois.

FIG. 4. — **Nevropteris Schleani** STUR. Folioles détachées. Saint-Georges-sur-Loire, près de Chalonnes (Maine-et-Loire). Puits de la Mazière. Ad. Brongniart, Cat. Mus., n° 4636.

FIG. 4 A. — Deux folioles de l'échantillon précédent, grossies deux fois.

Sohier et Campy, imp., 33, rue Hallé. Paris

Sohier, phot.

PLANCHE XIII

PLANCHE XIII.

EXPLICATION DES FIGURES.

CULM SUPÉRIEUR.

Fig. 1. — **Calymmatotheca tridactylites.** Deux fragments de pennes primaires. Montjean (Maine-et-Loire). École des mines.

Fig. 1 A. — Pinnule du même échantillon, grossie trois fois.

Fig. 2. — **Nevropteris Schleani** Stur. Folioles détachées et ramification de rachis portant plusieurs folioles. Saint-Georges-sur-Loire, près de Chalonnes (Maine-et-Loire). Puits de la Mazière. Ad. Brongniart, 1845, Mus., cat. d'entrée des plantes fossiles, n° 4643.

Fig. 2 A. — Une des folioles de l'échantillon précédent, montrant bien le pétiolule, grossie deux fois.

Fig. 2 B. — Foliole plus grande du même échantillon, grossie trois fois.

Fig. 3. — Pinnule lobée de la partie inférieure d'une penne. Saint-Georges-sur-Loire. Puits de la Mazière. Ad. Brongniart, 1845, Cat. Mus., n° 4636.

Fig. 3 A. — La même foliole, grossie trois fois.

Fig. 4. — **Hymenophyllum antiquum** Ed. Bur. Montjean (Maine-et-Loire). M. Davy, n° 28.

Fig. 4 A, 4 B. — Pinnules du même échantillon, grossies quatre fois.

Pl. XIII.

2

1

1 A

2 B

3 A

2 A

3

4

4 A

4 B

Dessiné d'ap. nat. et lith. per C. Cuisin.

Imp. des Imp.res LEMERCIER, Paris.

PLANCHE XIV

PLANCHE XIV.

PL. XIV.

1B

1A

1

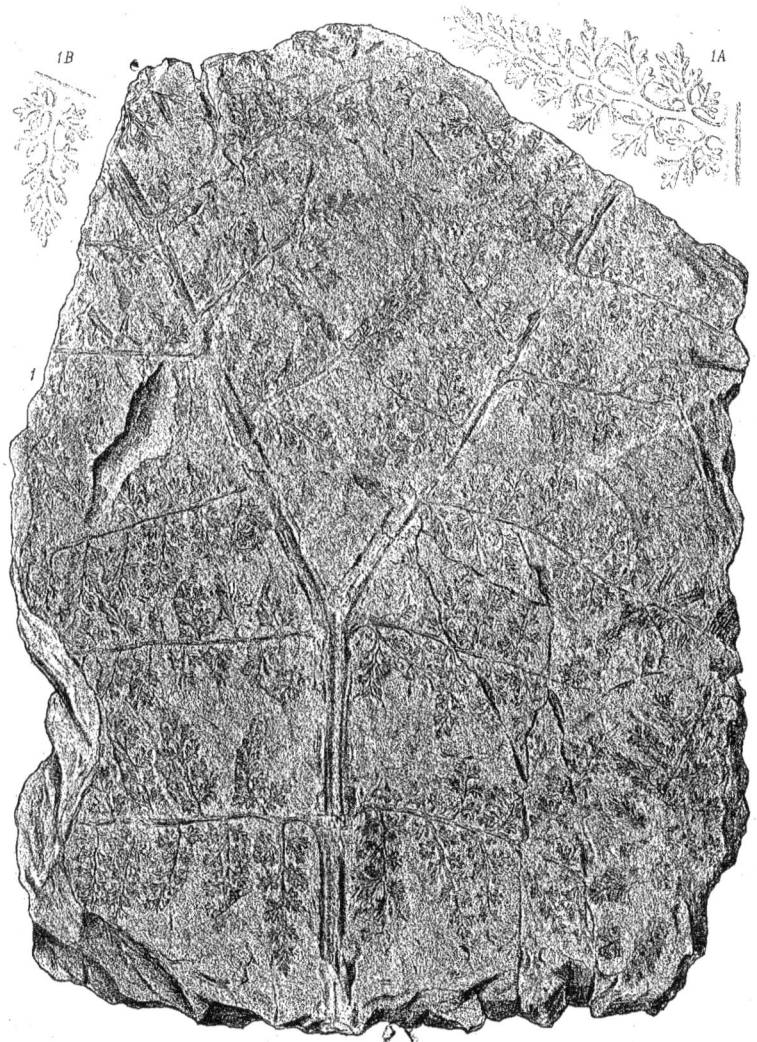

Dessiné d'après nature et lith par d'Apreval.

Imp.tes Lemercier, Paris.

PLANCHE XV

PLANCHE XV.

EXPLICATION DES FIGURES.

CULM SUPÉRIEUR.

Fɪɢ. 1. — **Calymmatotheca tenuifolia γ divaricata. Calymmatotheca divaricata** Stur.
La Tardivière, commune de Mouzeil (Loire-Inférieure).

Fɪɢ. 1 A à 1 C. — Pinnules du même échantillon, grossies huit fois.

Fɪɢ. 2. — **Calymmatotheca tenuifolia α Brongniarti. Calymmatotheca tenuifolia** Stur.
Puits Préjean, La Tardivière, commune de Mouzeil (Loire-Inférieure).

Fɪɢ. 2 A, 2 B. — Pinnules du même échantillon grossies huit fois.

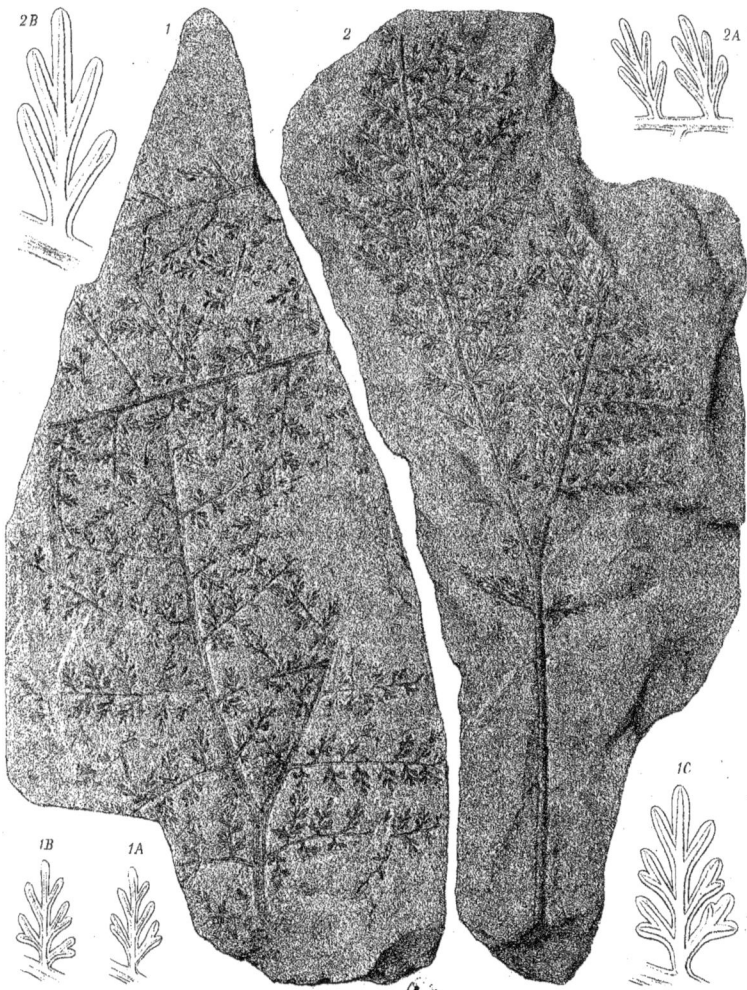

2B   1   2   2A

1B   1A   1C

Dessiné d'après nature et lith par Cuisin.   Imp.^tie Lemercier, Paris.

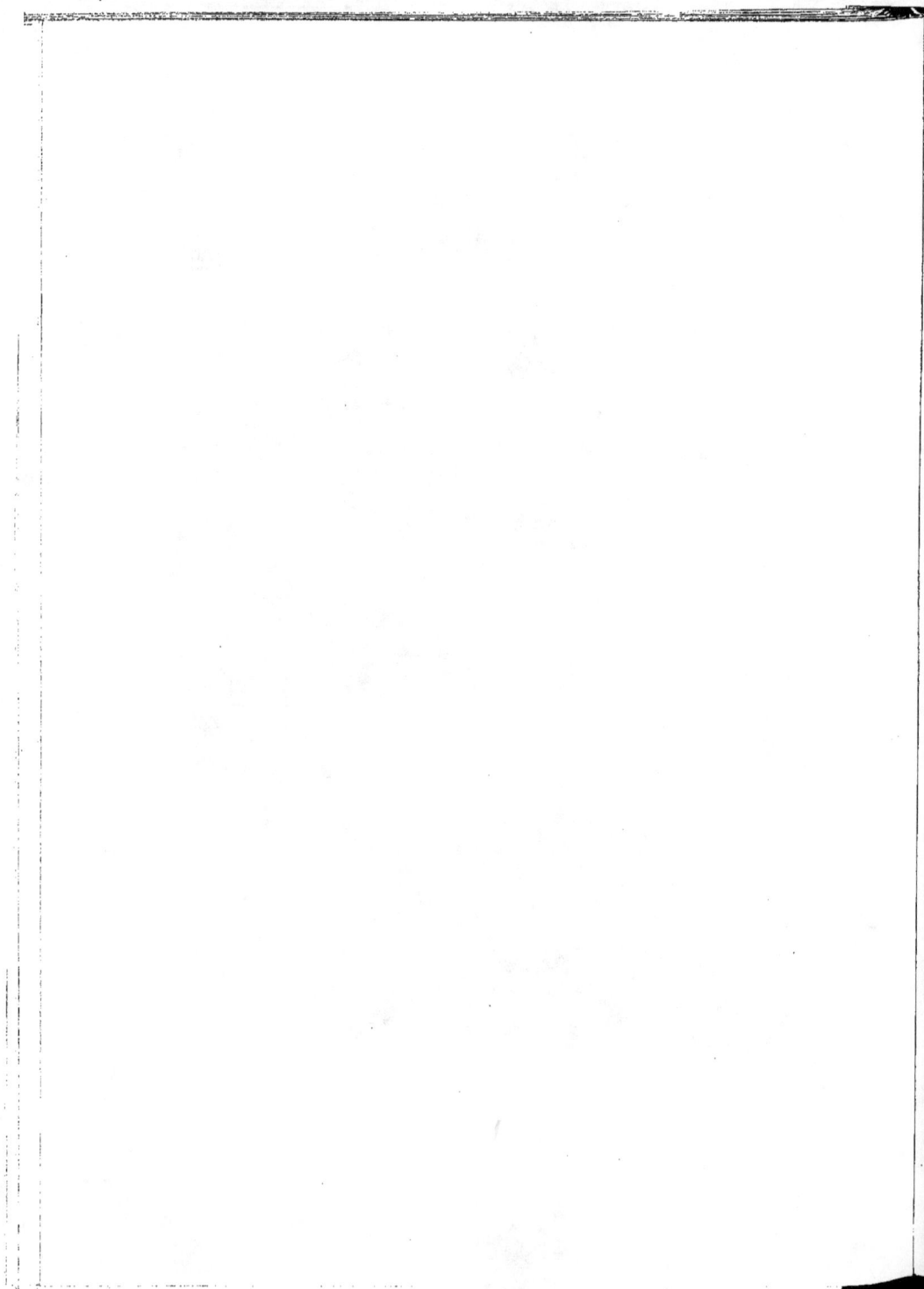

PLANCHE XVI

PLANCHE XVI.

EXPLICATION DES FIGURES.

CULM SUPÉRIEUR.

Fig. 1. — **Aneimites fertilis** White. Échantillon bien semblable à celui figuré par M. Brongniart, *Hist. vég. foss.*, pl. LIII, fig. 2, si ce n'est qu'ici la dernière paire de pinnules rachiales est insérée immédiatement au-dessous de la bifurcation. La Guérinière, commune des Touches (Loire-Inférieure).

Fig. 1 A, 1 B. — Pinnule de l'échantillon précédent grossie deux fois.

Fig. 2. — **Aneimites fertilis** White. Penne bifurquée. Une penne rachiale, ayant fait partie d'une paire de pennes, est attachée 5 millimètres au-dessous de la bifurcation. La Guérinière, commune des Touches (Loire-Inférieure).

Fig. 3. — **Aneimites fertilis** White. Rachis secondaires fourchus. Pennes attachées sur le rachis, à 2 centimètres au-dessous de la bifurcation. La Tardivière, commune de Mouzeil (Loire-Inférieure).

Fig. 4. — **Aneimites obtusa** n. sp. Partie supérieure d'une fronde ou d'une grande penne bifurquée; deux paires de pennes sous la bifurcation. La Guérinière, commune des Touches (Loire-Inférieure).

Fig. 4 A, 4 B. — Plusieurs pennes ou pinnules de l'échantillon ci-dessus, grossies quatre fois.

Pl. XVI

Faraut et Brunet, Imp.

Sohier, phot.

PLANCHE XVII

PLANCHE XVII.

EXPLICATION DES FIGURES.

CULM SUPÉRIEUR.

Fɪɢ. 1. — **Senftenbergia plumosa** Zᴇɪʟʟᴇʀ. Extrémité d'une penne secondaire. Puits de la Mazière, Saint-Georges-sur-Loire (Maine-et-Loire), Ad. Brongniart, 1845. Mus. d'hist. nat., Catal. d'entrée des plantes fossiles, n° 4635.

Fɪɢ. 1 A. — Pennes du même échantillon, grossies deux fois.

Fɪɢ. 1 B. — Pinnules du même échantillon, grossies trois fois.

Fɪɢ. 2. — Partie moyenne d'une penne secondaire, var. **delicatula**. Saint-Georges-sur-Loire (Maine-et-Loire). Puits du Port-Girault, au bout du pont de Chalonnes. Ad. Brongniart, 1845. Cat. Mus., n° 4647.

Fɪɢ. 2 A. — Pinnules du même échantillon, grossies trois fois.

Fɪɢ. 3. — **Aneimites obtusa** n. sp. Puits du Port-Girault, Saint-Georges-sur-Loire, près Chalonnes (Maine-et-Loire). Ad. Brongniart, 1845.

Fɪɢ. 3 A, 3 B. — Pennes et pinnules du même échantillon, grossies trois fois.

Fɪɢ. 4. — **Aneimites obtusa** var. **abbreviata** Eᴅ. Bᴜʀ. La Guérinière, commune des Touches (Loire-Inférieure).

Fɪɢ. 4 A. — Partie du même échantillon, grossie trois fois.

Fɪɢ. 5. — **Calymmatotheca lineariloba** n. sp. Fragment de feuille bifurquée. Puits Préjean, la Tardivière, commune de Mouzeil (Loire-Inférieure).

Fɪɢ. 5 A. — Même échantillon. Pennes tertiaires, grossies trois fois.

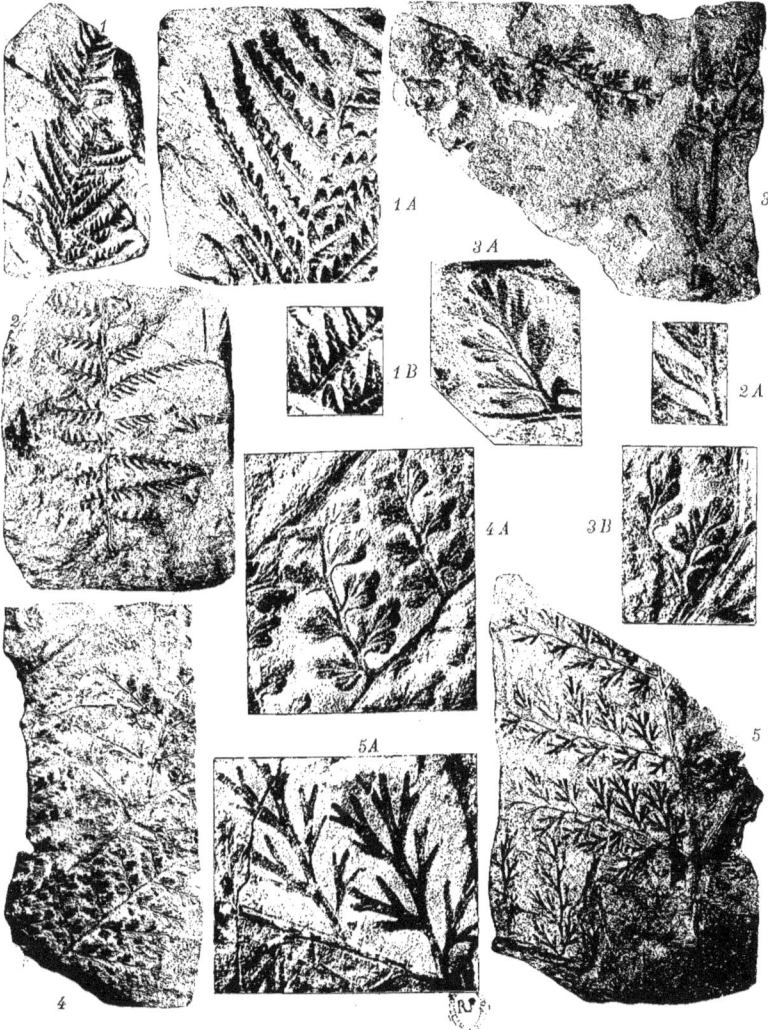

Pl. XVII.

PLANCHE XVIII

PLANCHE XVIII.

EXPLICATION DES FIGURES.

CULM SUPÉRIEUR.

Fig. 1. — **Zeilleria moravica** Ed. Bur. Rachis divers, dont un très gros, et pennes linéaires de divers ordres ; quelques-unes des plus fines, terminées par un groupe de quatre capsules, bien visibles à la loupe. Saint-Georges-sur-Loire, près de Chalonnes (Maine-et-Loire). Puits du Port-Girault. Ad. Brongniart, 1845. Mus. hist. nat., Catal. d'entrée des plantes foss., n° 4643.

Fig. 1 A. — Penne tertiaire, grossie deux fois. Même provenance.

Fig. 2. — Pennes de différents ordres. Puits du Port-Girault, Saint-Georges-sur-Loire, au bout du pont de Chalonnes. Catal. d'entrée des plant. fossiles. Mus. d'hist. nat., n° 4650

Fig. 3. — Pennes très fines. Même provenance.

Fig. 4. — Rachis de moyenne taille. Même provenance. Catal. Mus., n° 4643.

Sohier et Campy, imp., 33, rue Hallé. Paris

Sohier, phot.

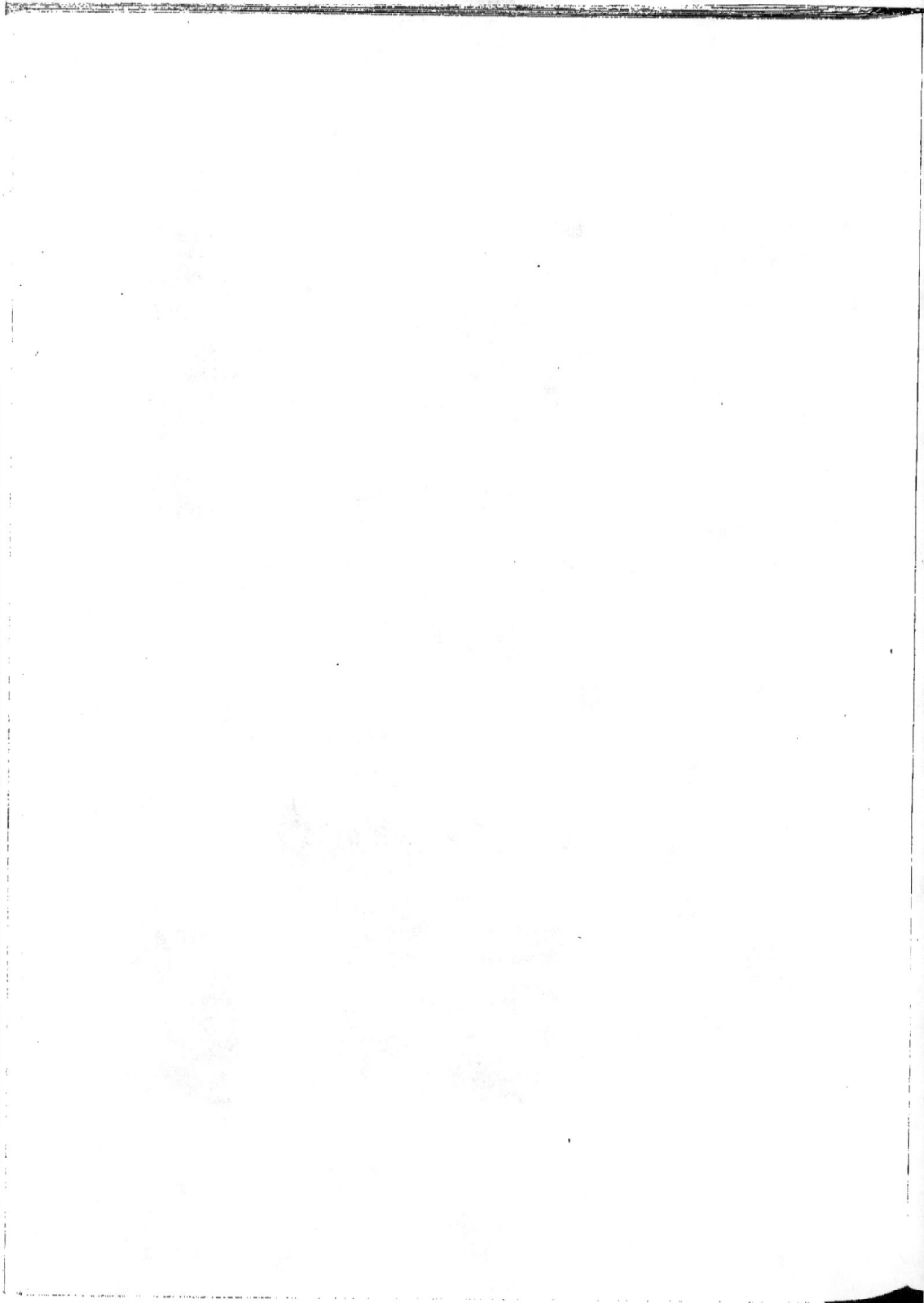

PLANCHE XIX

PLANCHE XIX.

EXPLICATION DES FIGURES.

CULM SUPÉRIEUR.

Fig. 1. — **Diplotmema distans. Diplothmema distans** Stur. — Gros rachis portant deux bases de rachis secondaires alternes. Puits du Coteau, Mine de Beaulieu (Maine-et-Loire), Ed. et L. Bur.

Fig. 2. — Rachis plus fins, régulièrement dichotomes. Pinnules écartées. Même localité.

Fig. 2 A. — Pinnule du même échantillon, grossie deux fois.

Fig. 3. — Fragments de pennes. Revers de l'échantillon.

Fig. 3 A. — Une pinnule du même échantillon, grossie deux fois.

Sohier et Campy, imp., 33, rue Hallé. Paris

Sohier, phot.

PLANCHE XX

IMPRIMERIE NATIONALE.

PLANCHE XX.

Dessiné d'après nat. et lith. par d'Aproval.

Imp.ies Lemercier, Paris.

PLANCHE XXI

PLANCHE XXI.

EXPLICATION DES FIGURES.

CULM SUPÉRIEUR.

Fig. 1. — **Diplotmema dissectum**. Diplothmema dissectum Stur. Portion de rachis montrant les côtes formées par la décurrence des axes secondaires ou tertiaires et les stries transversales qui se trouvent à la face inférieure de ces axes.

Fig. 1 A. — Portion de rachis primaire portant une base de rachis secondaire. On voit, sur le rachis primaire, les stries transversales sur les côtes provenant des décurrences des axes secondaires situés plus haut. Sur le rachis secondaire on voit les mêmes stries transversales en dessous et, en dessus, une région couverte de très fines stries longitudinales.

Fig. 2. — **Diplotmema dissectum**. Sommet bifurqué d'un axe secondaire, dont l'une des branches porte plusieurs axes tertiaires. Une apparence de bourgeon dans la bifurcation. Puits neuf, la Tardivière, commune de Mouzeil (Loire-Inférieure).

Fig. 2 A. — Bifurcation de l'échantillon précédent, grossi quatre fois.

Fig. 3. — **Diplotmema dissectum**. Rachis secondaire bifurqué et, au-dessus de la bifurcation, pennes de troisième ordre développées surtout du côté extérieur.

Fig. 3 A. — Une pinnule de l'échantillon ci-dessus.

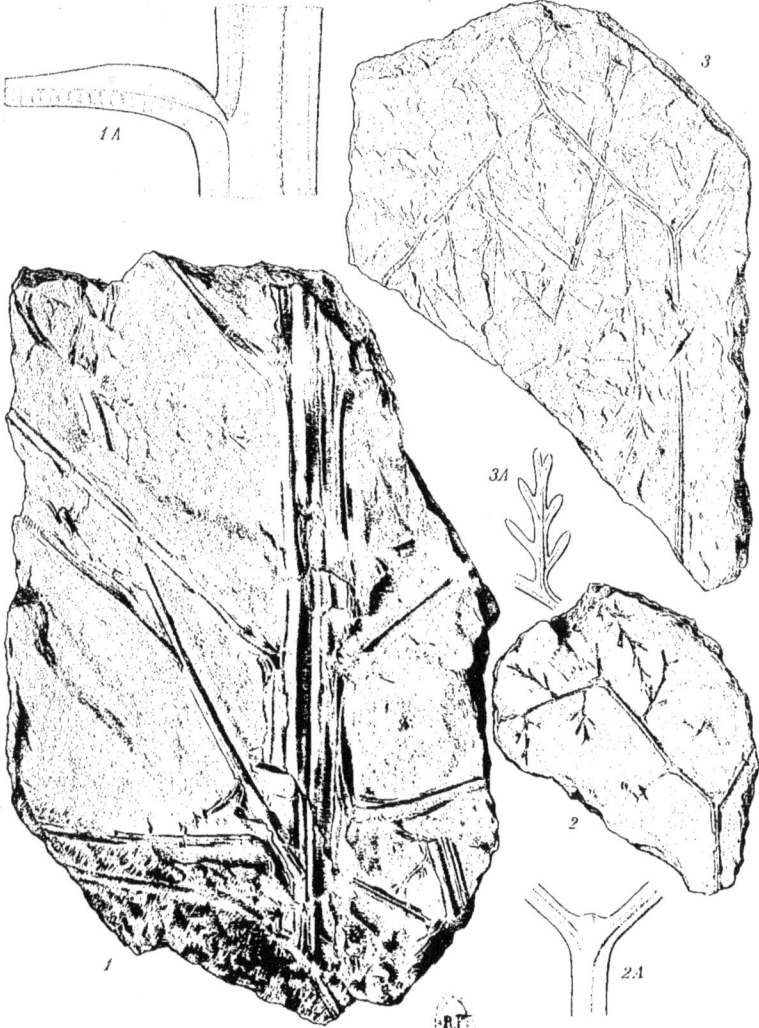

PLANCHE XXII.

EXPLICATION DES FIGURES.

CULM SUPÉRIEUR.

Fig. 1. — **Diplotmema dissectum. Diplothmema dissectum** Stur. Penne formée par la bifurcation d'un axe secondaire. La Tardivière, commune de Mouzeil (Loire-Inférieure). Ed. Bur., Catal. Mus. n° 7360.

Fig. 2. — **Diplotmema Schönknechti. Diplothmema Schönknechti** Stur. Quatre bases de pennes secondaires en place. Elles s'inséraient sur un axe qui n'a pas été conservé. La Guérinière, commune des Touches (Loire-Inférieure).

Fig. 3. — **Diplotmema Schönknechti. Diplothméma Schönknechti** Stur. Une penne secondaire presque entière. Même localité.

Fig. 4. — **Diplotmema Schönknechi. Diplothmema Schönknechti** Stur. Rameaux de dernier ordre, montrant les axes grêles et flexueux qui supportent les pinnules. Même localité.

Fig. 4 A. — Une pinnule du même échantillon, grossie deux fois.

PLANCHE XXIII

PLANCHE XXIII.

EXPLICATION DES FIGURES.

CULM SUPÉRIEUR.

F<small>IG</small>. 1. — **Diplotmema dissectum** var. **patulum** E<small>D</small>. B<small>UR</small>. **Diplothmema dissectum** S<small>TUR</small>. La Guérinière, commune des Touches (Loire-Inférieure). Entre la veine du sud et la veine du centre.

F<small>IG</small>. 1 A. — Pinnule du même échantillon, grossie deux fois.

F<small>IG</small>. 2. — **Diplotmema elegans. Diplothmema elegans** S<small>TUR</small>. Long rachis secondaire, nu, bifurqué au sommet. Puits Saint-Georges, La Tardivière, commune de Mouzeil (Loire-Inférieure).

F<small>IG</small>. 2 A. — Même échantillon : une partie du rachis au-dessous de la bifurcation, grossie deux fois.

F<small>IG</small>. 2 B. — Quelques pinnules du même échantillon, grossies deux fois.

F<small>IG</small>. 3. — **Diplotmema elegans. Diplothmema** S<small>TUR</small>. Moitié latérale d'une très grande penne. Puits Saint-Georges, la Tardivière, commune de Mouzeil (Loire-Inférieure).

F<small>IG</small>. 3 A. — Pinnules du même échantillon, grossies deux fois.

Pl. XXIII.

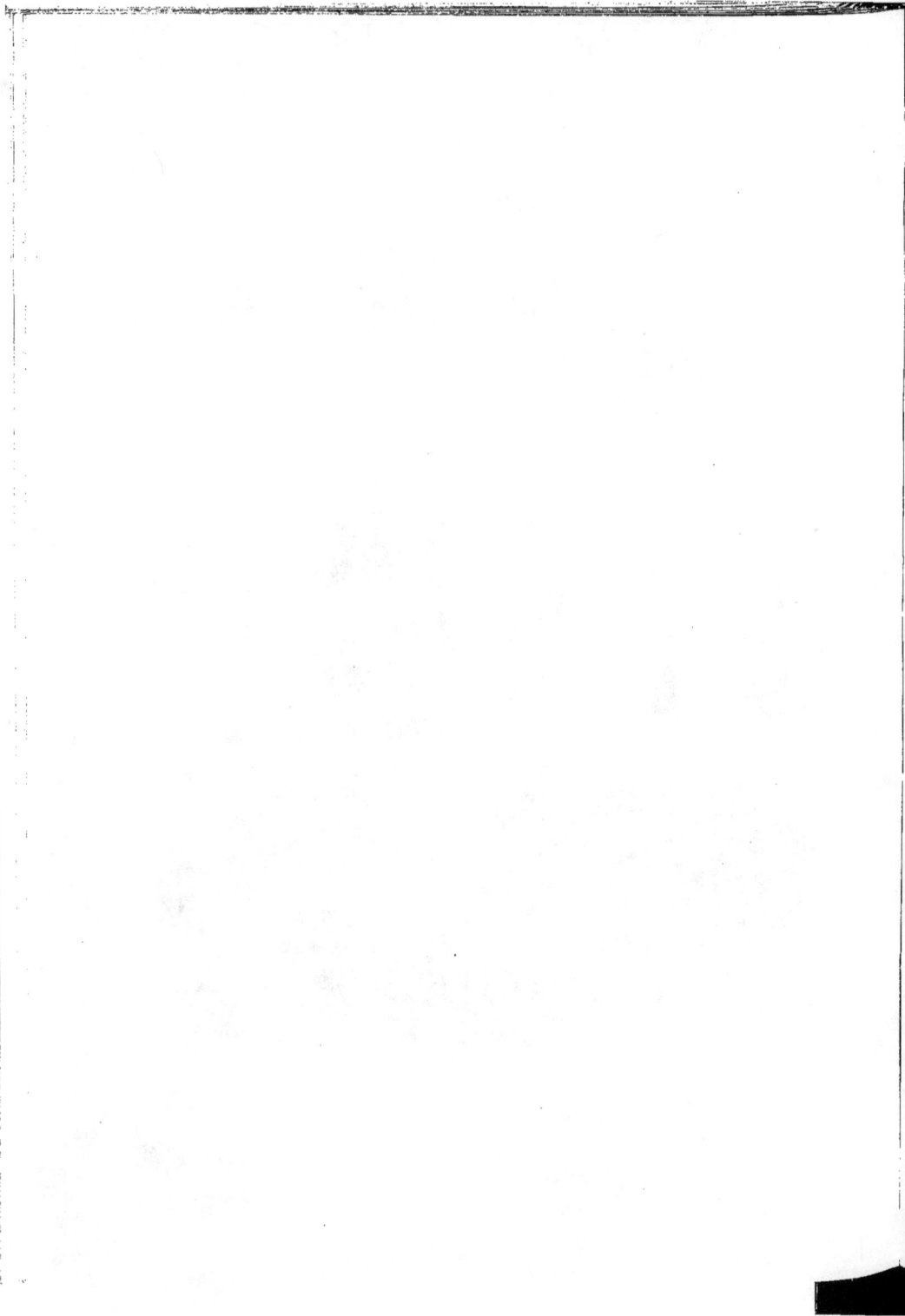

PLANCHE XXIV

PLANCHE XXIV.

EXPLICATION DES FIGURES.

CULM SUPÉRIEUR.

Fɪɢ. 1. — **Diplotmema elegans. Diplothmema elegans** Sᴛᴜʀ. Grand échantillon montrant un axe primaire parcouru de grosses côtes saillantes, et des axes plus minces, avec de nombreuses petites stries transversales. Puits Saint-Georges, la Tardivière, commune de Mouzeil (Loire-Inférieure).

Fɪɢ. 1 A. — Pinnules du même échantillon, grossies deux fois.

Fɪɢ. 2. — **Diplotmema elegans. Diplothmema** Sᴛᴜʀ. Portion de fronde voisine du sommet, présentant plusieurs pennes secondaires dont une entière. Descenderie du puits Saint-Georges, La Tardivière, commune de Mouzeil (Loire-Inférieure).

Fɪɢ. 2. A. — Une pinnule du même échantillon.

Fɪɢ. 3. — **Knorria imbricata** Sᴛᴇʀɴʙᴇʀɢ. Une tige bifurquée, montrant, sous l'écorce, les faisceaux fibro-vasculaires, qui s'imbriquent en montant vers les feuilles. La Tardivière, commune de Mouzeil (Loire-Inférieure).

Pl. XXIV.

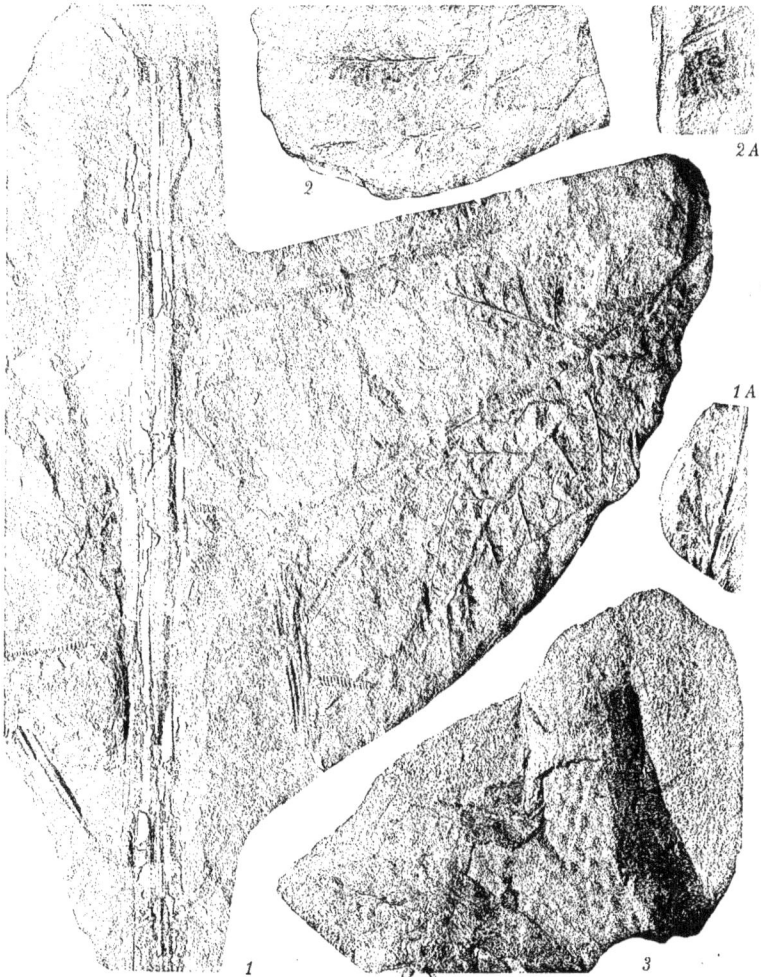

2

2 A

1 A

1

3

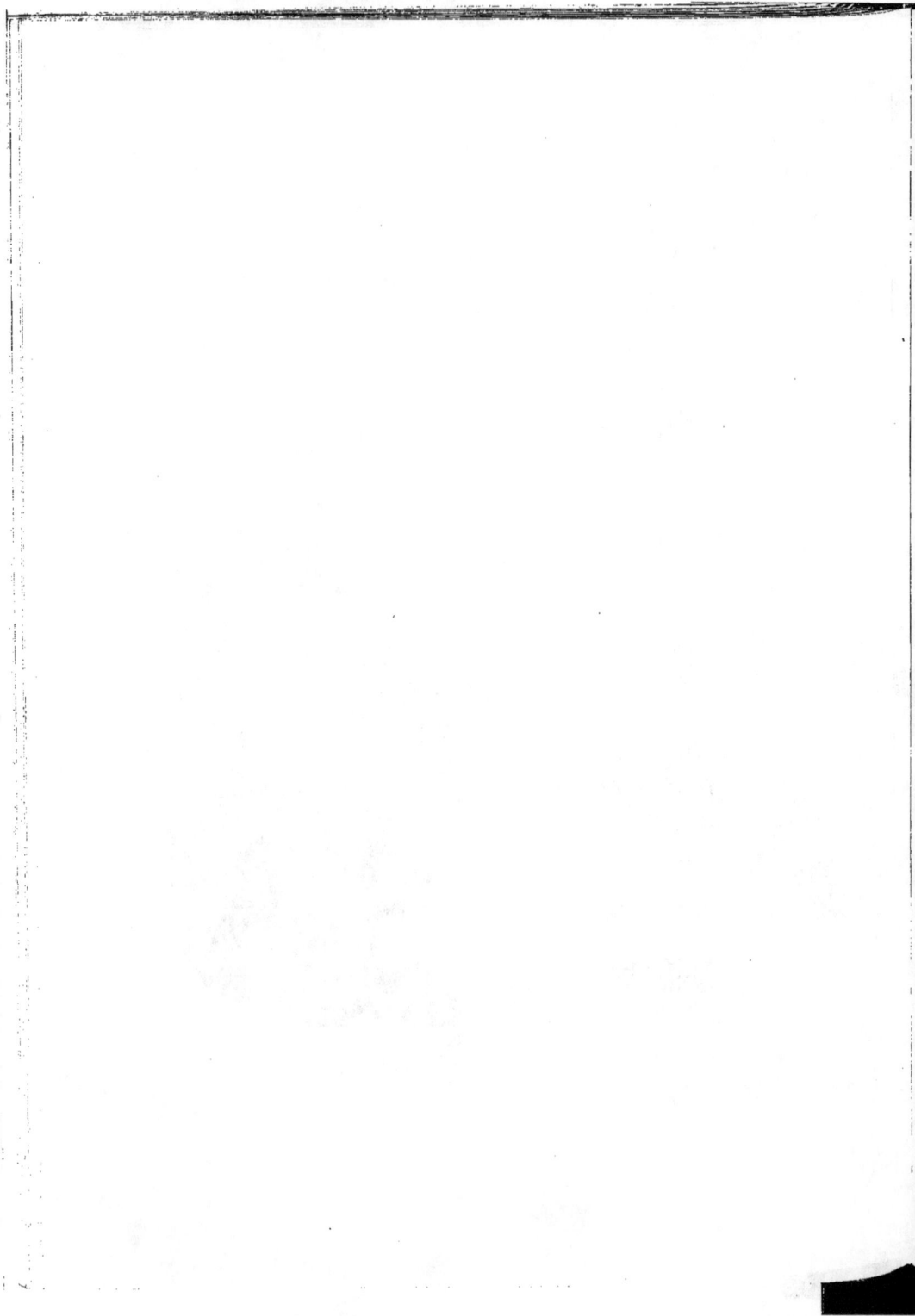

PLANCHE XXIV *BIS*

PLANCHE XXIVBIS.

EXPLICATION DES FIGURES.

CULM SUPÉRIEUR.

Fɪɢ. 1. — **Diplotmema elegans. Diplothmema** Sᴛᴜʀ. Sommet d'une grande penne. Puits Saint-Georges, la Tardivière, commune de Mouzeil (Loire-Inférieure).

Fɪɢ. 2. — **Diplotmema furcatum. Diplothmema** Sᴛᴜʀ. Une penne. Puits de la Mazière, Saint-Georges-sur-Loire (Maine-et-Loire). Ad. Brongniart, 1845. Catal. Mus., n° 4638.

Fɪɢ. 2 A. — Pinnule du même échantillon, grossie deux fois.

Fɪɢ. 3. — **Diplotmema furcatum. Diplothmema** Sᴛᴜʀ. C'est la contre-empreinte de l'échantillon fig. 2. Cependant l'étiquette porte : puits du Port-Girault. Cette localité, il est vrai, est peu éloignée du puits de la Mazière.

Fɪɢ. 4. — **Mariopteris acuta** Zᴇɪʟʟᴇʀ. Empreinte de la face inférieure, partie moyenne d'une fronde. Puits du Port-Girault, Saint-Georges-sur-Loire (Maine-et-Loire). Ad. Brongniard, 1845. Cat. Mus., n° 4644.

Fig. 4 A, 4 B. — Pinnules de l'échantillon précédent, grossies deux fois.

Fɪɢ. 5. — Empreinte de la face supérieure du n° 4.

Fɪɢ. 5 A. — Pinnule prise sur l'empreinte n° 5 et grossie 2 fois.

Pl. XXIV bis.

1

2

3

2 A

4 A

4 B

4

5

5 A

Clichés et Phototypie Sohier et Cᵉ, à Champiguy-sur-Marne

PLANCHE XXV

PLANCHE XXV.

EXPLICATION DES FIGURES.

CULM SUPÉRIEUR.

Fig. 1. — **Aspidites dicksonioides** Göpp. Grande fronde tripinnée. Pennes triangulaires. Pinnules arrondies, lobées. Sporanges, quand il y en a, coiffés d'une partie plus résistante. Puits neuf, la Tardivière, commune de Mouzeil (Loire-Inférieure).

Fig. 1 A. — Partie du même échantillon, grossie deux fois.

Fig. 2. — Une penne secondaire prise sur un échantillon de la Tardivière, commune de Mouzeil (Loire-Inférieure).

Fig. 2 A, 2 B. — Deux pinnules du même échantillon, grossies deux fois.

Pl. XXV

1 A

1

2

2 A

2 B

Farant et Brunet, Imp^{rs}

Sohier, phot.

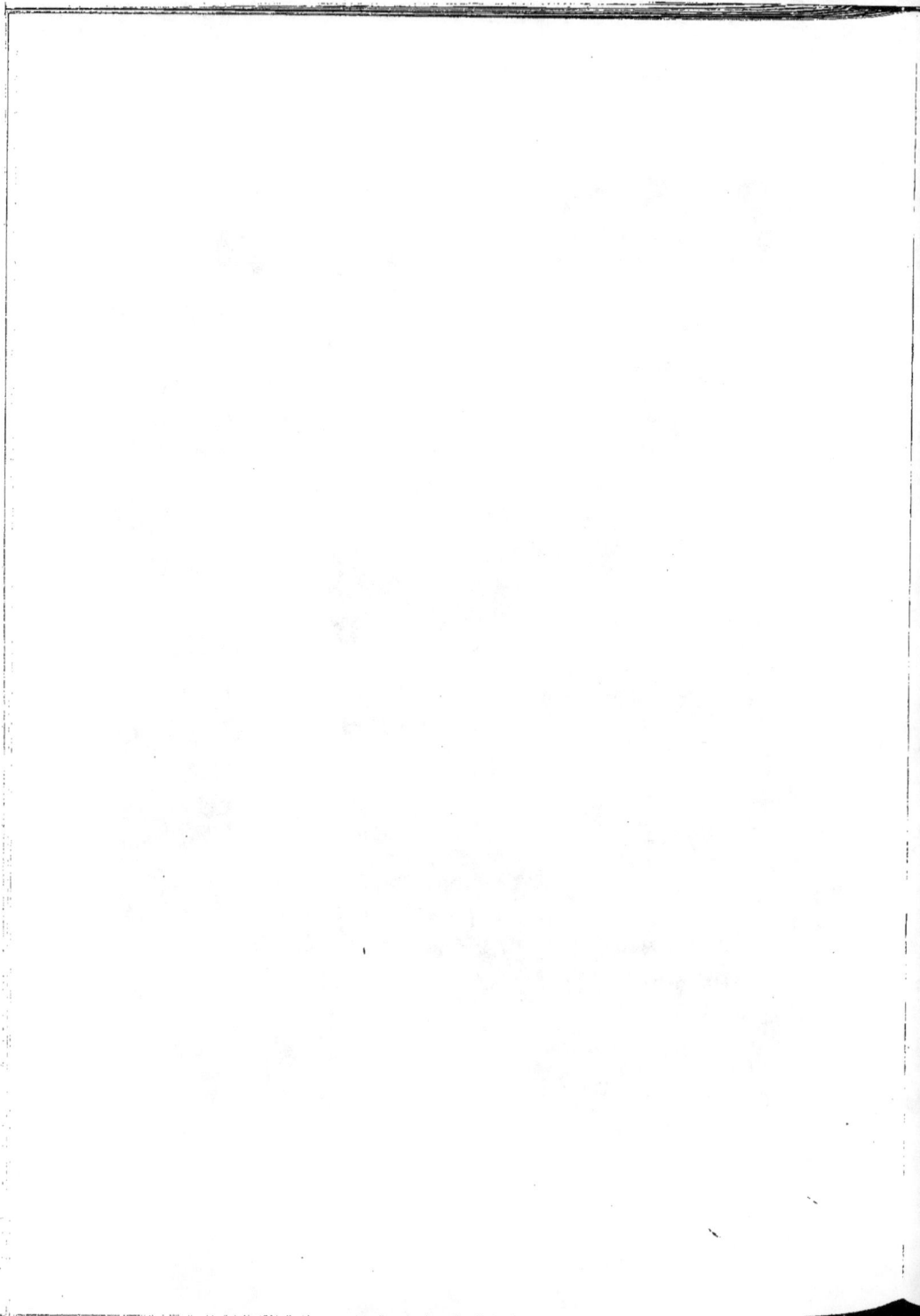

PLANCHE XXVI

PLANCHE XXVI.

EXPLICATION DES FIGURES.

CULM SUPÉRIEUR.

F<small>IG</small>. 1. — **Diplotmema contractum** n. sp. Une grande portion d'une des deux parties d'une penne primaire. Puits Henri, la Tardivière, commune de Mouzeil (Loire-Inférieure).

F<small>IG</small>. 2. — **Diplotmema contractum** n. sp. Extrémité d'une grande penne. Même localité.

F<small>IG</small>. 2 A. — Une penne tertiaire du même échantillon, grossie deux fois.

F<small>IG</small>. 2 B à 2 E. — Pennes ayant un plus ou moins grand nombre de pinnules ou de lobes Même échantillon, grossi quatre fois.

F<small>IG</small>. 3. — Penne d'un autre échantillon, grossie deux fois.

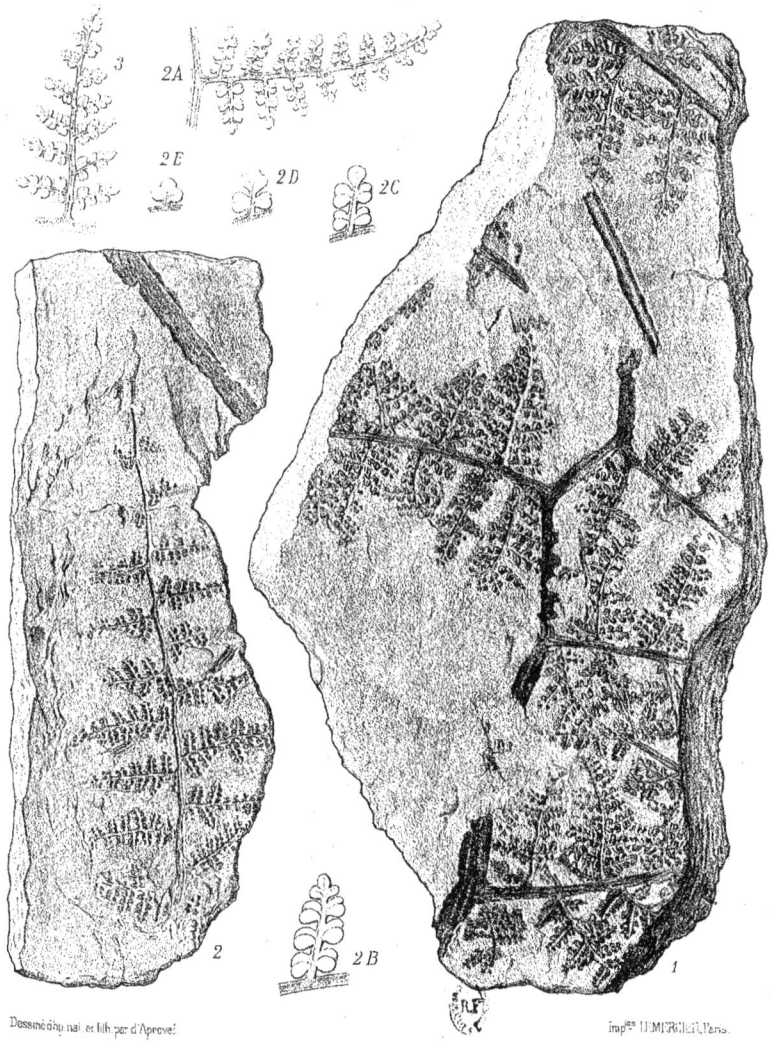

3

2A

2E

2D

2C

2B

2

1

Dessiné d'ap. nat. et lith. par d'Aprove!

Imp.^{te} LEMERCIER, Paris.

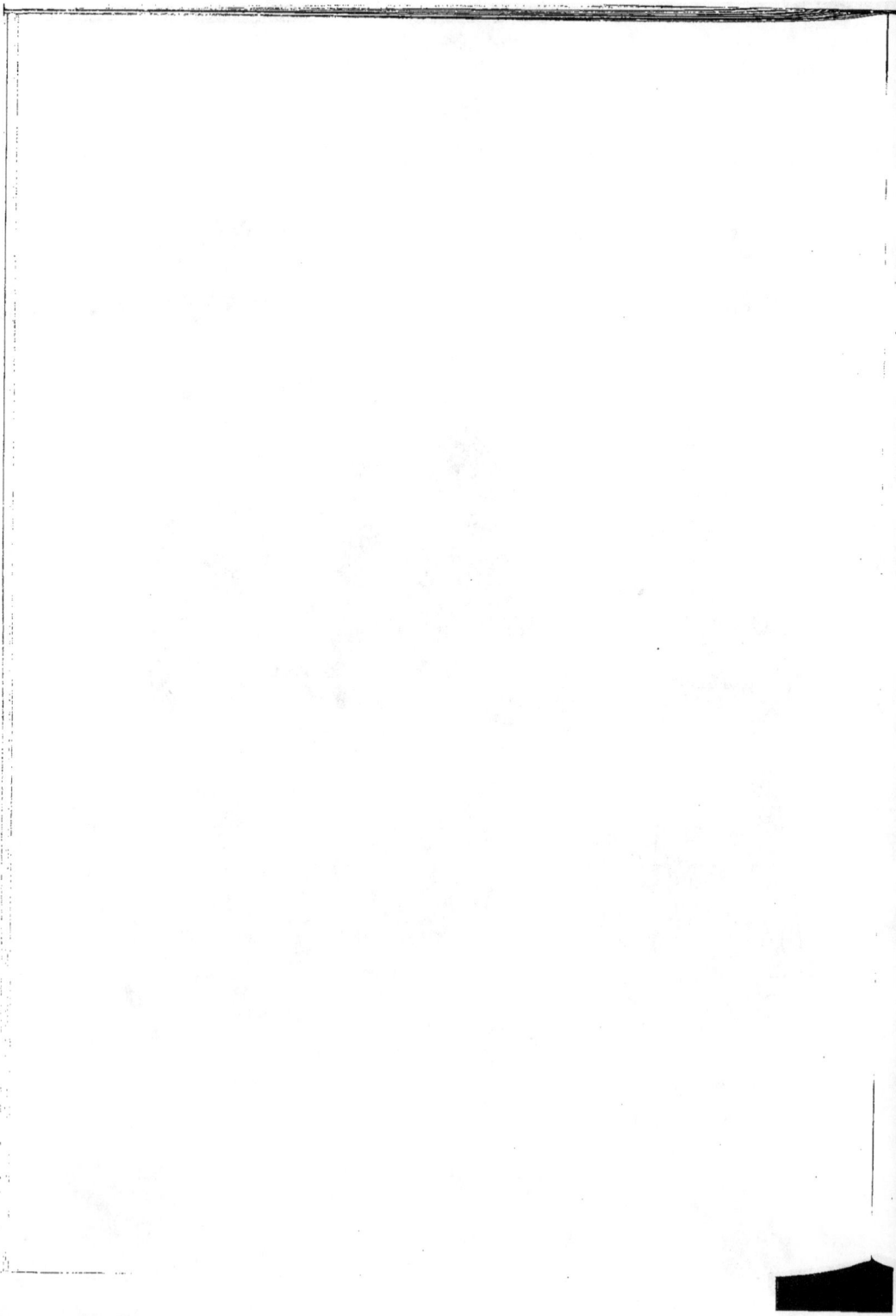

PLANCHE XXVII

PLANCHE XXVII.

EXPLICATION DES FIGURES.

CULM SUPÉRIEUR.

Fɪɢ. 1 ᴇᴛ 2. — **Aneimites obtusa** var. *abbreviata* Eᴅ. Bᴜʀ.

Fɪɢ. 1 A ᴇᴛ 2 A. — Pinnules prises sur les échantillons 1 et 2, grossies deux fois.

Fɪɢ. 3, 4, 5. — **Calymmatotheca tenuifolia**, capsules grandeur naturelle.

Fɪɢ. 3 A, 4 A, 5 A. — Les mêmes grossies un peu.

Fɪɢ. 6. — **Medullosites mammiger** n. sp. Tige ou rhizome de Filicinée.

Fɪɢ. 7. — **Asterotheca cyathea** Sᴄʜɪᴍᴘᴇʀ. Saint-Georges-Châtelaison (Maine-et-Loire), Virlet, catal. Mus. n° 632.

Fɪɢ. 7 A. — Folioles stériles grossies deux fois.

Fɪɢ. 7 B. — Folioles fertiles grossies deux fois.

Fɪɢ. 8. — Foliole de **Nevropteris**, sur la même plaque que l'*Asterotheca cyathea*.

Fɪɢ. 8 A. — La même foliole grossie deux fois.

Pl. XXVII.

PLANCHE XXVIII

PLANCHE XXVIII.

EXPLICATION DES FIGURES.

CULM SUPÉRIEUR.

Fig. 1. — **Dactylotheca aspera** Zeiller. Rachis présentant sa contre-empreinte en relief, et aussi, en saillie, les bases des poils écailleux tombés.

Fig. 1 A. — Partie du même échantillon un peu grossie.

Fig. 2. — Empreinte du rachis précédent. Les bases des poils écailleux sont en creux.

Fig. 2 A. — Partie de cette empreinte un peu grossie.

Fig. 3. — **Senftenbergia plumosa** Stur. Face supérieure d'une penne. Saint-Georges-sur-Loire, près de Chalonnes (Maine-et-Loire). Ad. Brongniart, 1845, cat. Mus. Paris, n° 4635.

Fig. 3 A. — Sur le même échantillon. Portion de la penne précédente grossie deux fois.

Fig. 3 B. — Même échantillon. Extrémité de pennes avec les pinnules couchées.

Fig. 4. — Face inférieure de la même penne.

Fig. 4 A. — Portion de l'échantillon précédent grossie deux fois.

Fig. 5. — **Lepidodendron lycopodioides** Sternberg. Rameaux. Puits neuf, la Tardivière, commune de Mouzeil (Loire-Inférieure).

Pl. XXVIII.

PLANCHE XXIX

PLANCHE XXIX.

EXPLICATION DES FIGURES.

CULM SUPÉRIEUR.

FIG. 1. — **Lycopodites foliosus** n. sp. Rameaux très feuillés, dont un est fourchu à deux branches égales. Feuilles assez longues.

FIG. 2. — **Lycopodites foliosus** n. sp. Partie dénudée et couverte de côtes dont chacune porte ou a porté une feuille au sommet.

FIG. 3. — Contre-empreinte de l'échantillon précédent.

FIG. 4. — **Rhabdocarpus tunicatus** GŒPPERT et BERGER. Graine. Deux téguments : l'intérieur strié. Toit de la veine des Forges, mine des Touches, près Nort (Loire-Inférieure). Andibert, 1846. Mus. hist. nat. Paris. Catal. d'entrée des plant. foss., n° 2090.

Pl. XXIX.

4

1

2

3

PLANCHE XXX

PLANCHE XXX.

EXPLICATION DES FIGURES.

CULM SUPÉRIEUR.

Fig. 1. **Lepidodendron ophiurus** Ad. Brongniart. Assez gros rameau. Feuilles longues, étendues transversalement, paraissant linéaires sur leur cassure; mais linéaires-lancéolées quand on peut les voir de face. La Tardivière, puits Saint-Georges (Loire-Inférieure).

Fig. 2. — **Lepidodendron ophiurus** Ad. Brongniart. Jeunes rameaux à feuilles courtes et crochues. Même localité.

Fig. 3. — **Lepidodendron ophiurus** Ad. Brongniart. Rameaux plus gros que les précédents et à feuilles de même forme, mais plus grandes. Puits de la Richeraie, commune de Mouzeil (Loire-Inférieure).

Fig. 4. — **Lepidodendron ophiurus** Ad. Brongniart. Feuilles étendues transversalement et redressées seulement à l'extrémité. Mines de la Prée, puits n° 3, près de Chalonnes (Maine-et-Loire).

Pl. XXX.

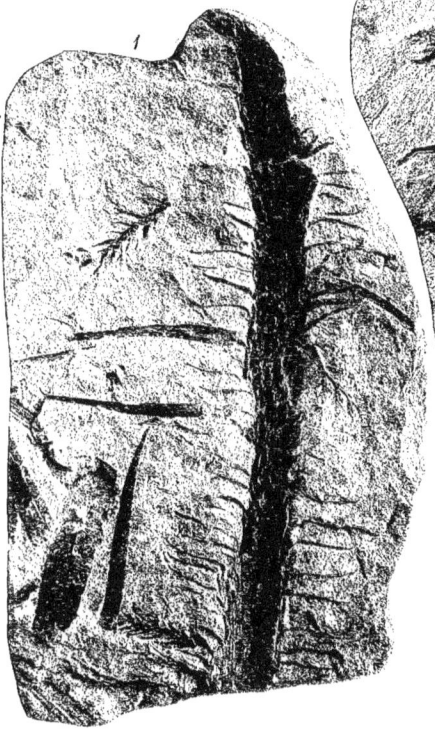

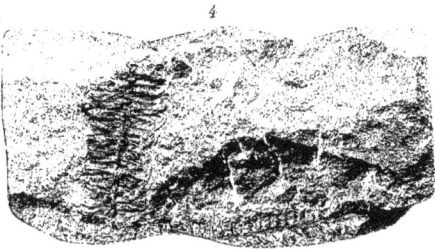

PLANCHE XXXBIS

17
IMPRIMERIE NATIONALE

PLANCHE XXX*BIS*.

EXPLICATION DES FIGURES.

CULM SUPÉRIEUR.

Fig. 1. — **Lepidodendron Veltheimianum** Sternberg. Grand échantillon ayant sur le milieu un rameau feuillé, plusieurs fois dichotome, de *Lepidodendron Veltheimianum* à feuilles plus lâches, plus longues, plus étalées que celles du *Lepidodendron lycopodioides*, qui se trouve dans le bas, à gauche de la même plaque, comme pour faciliter la comparaison. Puits Saint-Georges, la Tardivière, commune de Mouzeil (Loire-Inférieure).

Fig. 1 A. — Moulage en cire d'un fragment du rameau ci-dessus du *Lepidodendron Veltheimianum* Sternberg, montrant bien les coussinets.

Fig. 1 B. — Partie du même rameau, grossi deux fois. Les coussinets sont bien visibles, les feuilles étroitement lancéolées.

Pl. XXX bis.

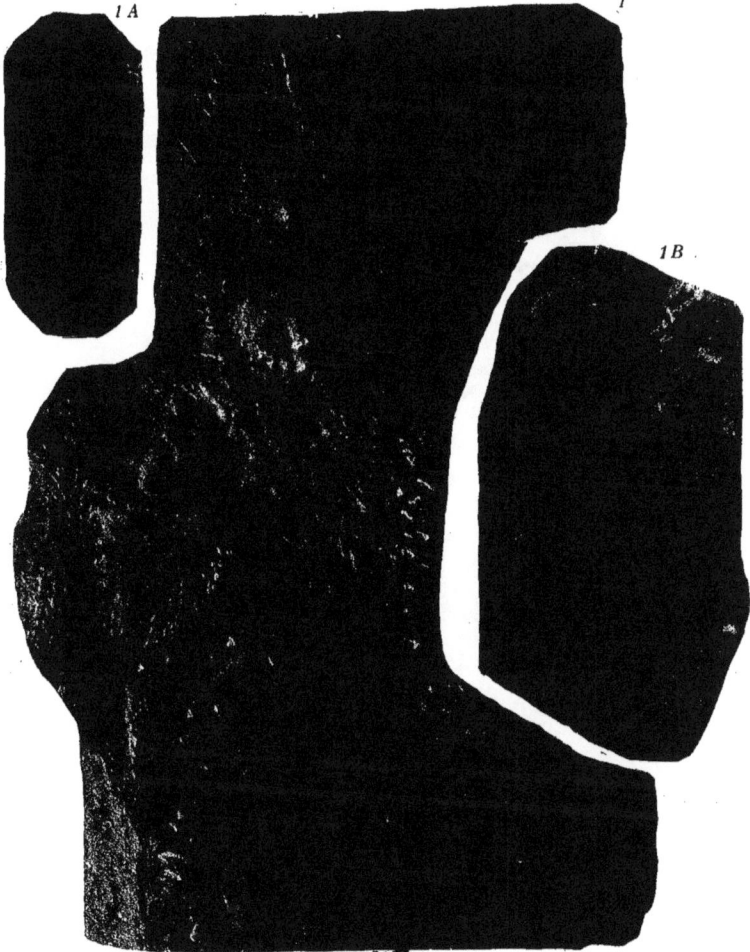

1 A

1

1 B

Clichés et Phototypie Sohier et Cⁱᵉ, à Champigny-sur-Marne

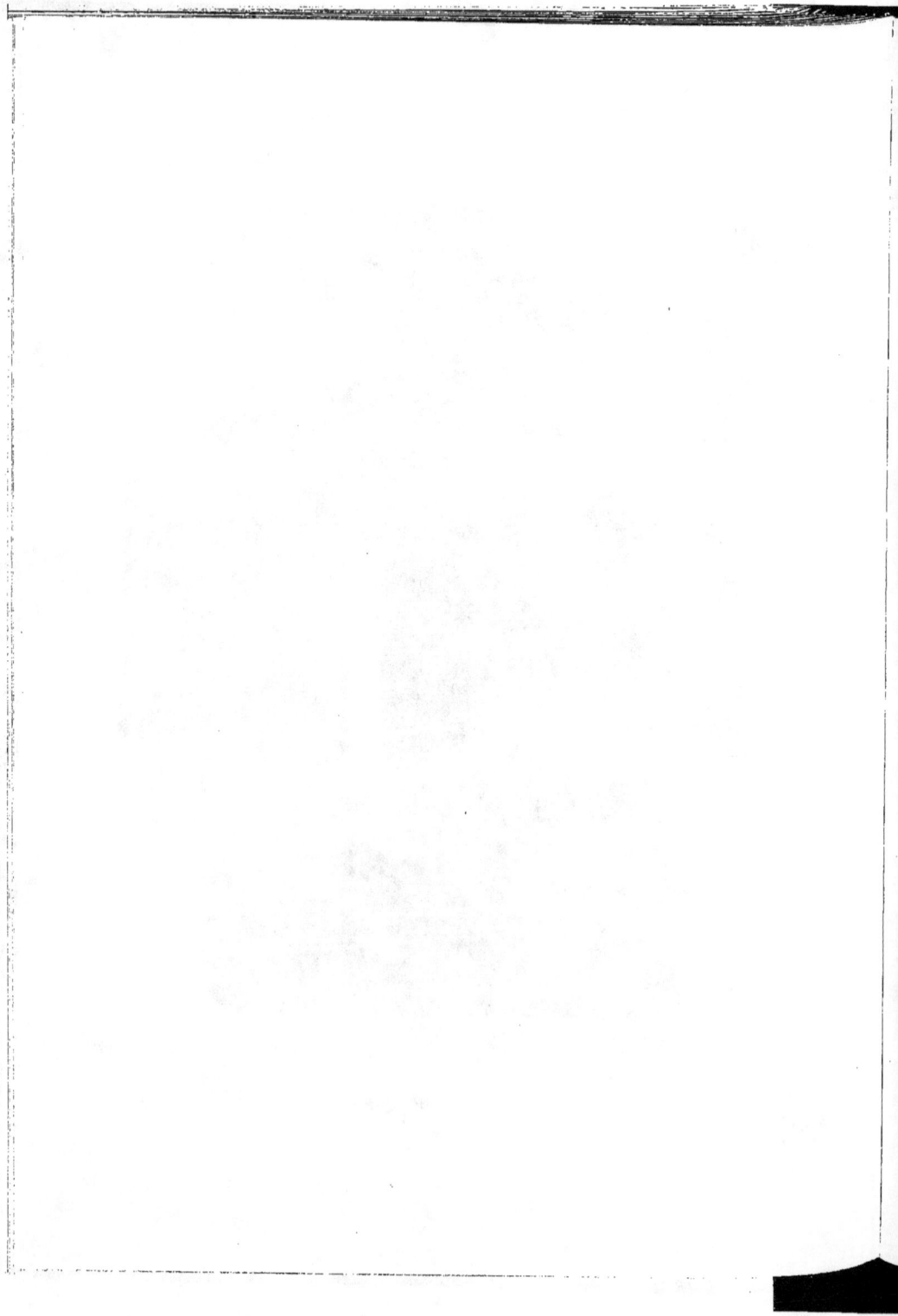

PLANCHE XXXI

PLANCHE XXXI.

EXPLICATION DES FIGURES.

CULM SUPÉRIEUR.

Fig. 1. — **Lepidodendron lycopodioides** Sternberg. Grosse branche fourchue. Puits Saint-Georges, la Tardivière, commune de Mouzeil (Loire-Inférieure). Catal. d'entrée des plantes fossiles au Muséum d'histoire naturelle, n° 7393.

Fig. 2. — **Lepidodendron Veltheimianum** Sternberg. Rameaux feuillés. Puits neuf, la Tardivière, commune de Mouzeil (Loire-Inférieure).

Fig. 3. — **Lepidodendron Veltheimianum** Sternberg. Échantillon de la même localité; mais trouvé dans une partie d'un terris où a couvé longtemps un incendie; d'où la teinte rougeâtre et l'absence totale de charbon dans la roche qui nous a conservé l'empreinte des rameaux feuillés.

Pl. XXXI.

PLANCHE XXXII

PLANCHE XXXII.

EXPLICATION DES FIGURES.

CULM SUPÉRIEUR.

Fig. 1. — **Lepidodendron lycopodioides** Sternberg. Rameau de moyenne force; plusieurs fois dichotome. Les rameaux un peu gros paraissant avoir leurs divisions plus dressées que les ramuscules terminaux, qui les ont étalées.

Pl. XXXII.

1

R.I

PLANCHE XXXIII.

EXPLICATION DES FIGURES.

CULM SUPÉRIEUR.

F$_{IG}$. 1. — **Lepidodendron lycopodioides** S$_{TERNBERG}$. Rameaux dichotomes, à feuilles courtes, arquées, accompagnées de cônes détachés, sauf un, qui est jeune, court, et termine un rameau vers le milieu de la plaque schisteuse. La Tardivière, commune de Mouzeil (Loire-Inférieure).

F$_{IG}$. 2. — **Lepidodendron lycopodioides** S$_{TERNBERG}$. Empreintes plus nettes que celles de l'échantillon précédent. Parmi des fragments de rameaux feuillés on voit des cônes isolés. L'un est presque entier. Sa forme est elliptique. Il devait avoir environ 6 centimètres de long. Puits neuf, la Tardivière, commune de Mouzeil (Loire-Inférieure).

F$_{IG}$. 3. — **Lepidodendron lycopodioides** S$_{TERNBERG}$. Cône tronqué à la base; mais ayant encore une longueur de 4 centimètres. Les bractées sont dressées ascendantes; elles sont plus larges que les feuilles des rameaux stériles.

PLANCHE XXXIV

PLANCHE XXXIV.

EXPLICATION DES FIGURES.

CULM SUPÉRIEUR.

Fig. 1. — **Lepidodendron lycopodioides** STERNBERG. Grand rameau feuillé, plusieurs fois dichotome. Rameaux terminaux écartés, épars, donnant bien le port de la plante. La Tardivière, commune de Mouzeil (Loire-Inférieure).

Fig. 2. — **Lepidodendron lycopodioides** STERNBERG. Rameau fourchu, dont une des divisions porte un jeune cône. Puits Saint-Georges, commune de Mouzeil (Loire-Inférieure).

Fig. 3. — **Lepidodendron lycopodioides** STERNBERG. Cône cylindrique, d'environ 6 centimètres de long; ouvert en haut et montrant la forme des écailles. La Guérinière, commune des Touches (Loire-Inférieure).

Fig. 4. — **Lepidodendron lycopodioides** STERNBERG. Petit cône elliptique, de 4 centimètres de long, montrant la largeur des écailles. La Tardivière, commune de Mouzeil (Loire-Inférieure).

Fig. 5. — **Lepidodendron lycopodioides** STERNBERG. Cône plus petit encore, à larges écailles, terminant un rameau grêle à feuilles étroites. La Guérinière, commune des Touches (Loire-Inférieure).

Fig. 6. — **Lepidodendron lycopodioides** STERNBERG. Cône à peu près cylindrique, ouvert dans toute sa longueur et montrant les écailles brusquement redressées dans leur partie extérieure. Puits Saint-Georges, la Tardivière, commune de Mouzeil (Loire-Inférieure).

Pl. XXXIV.

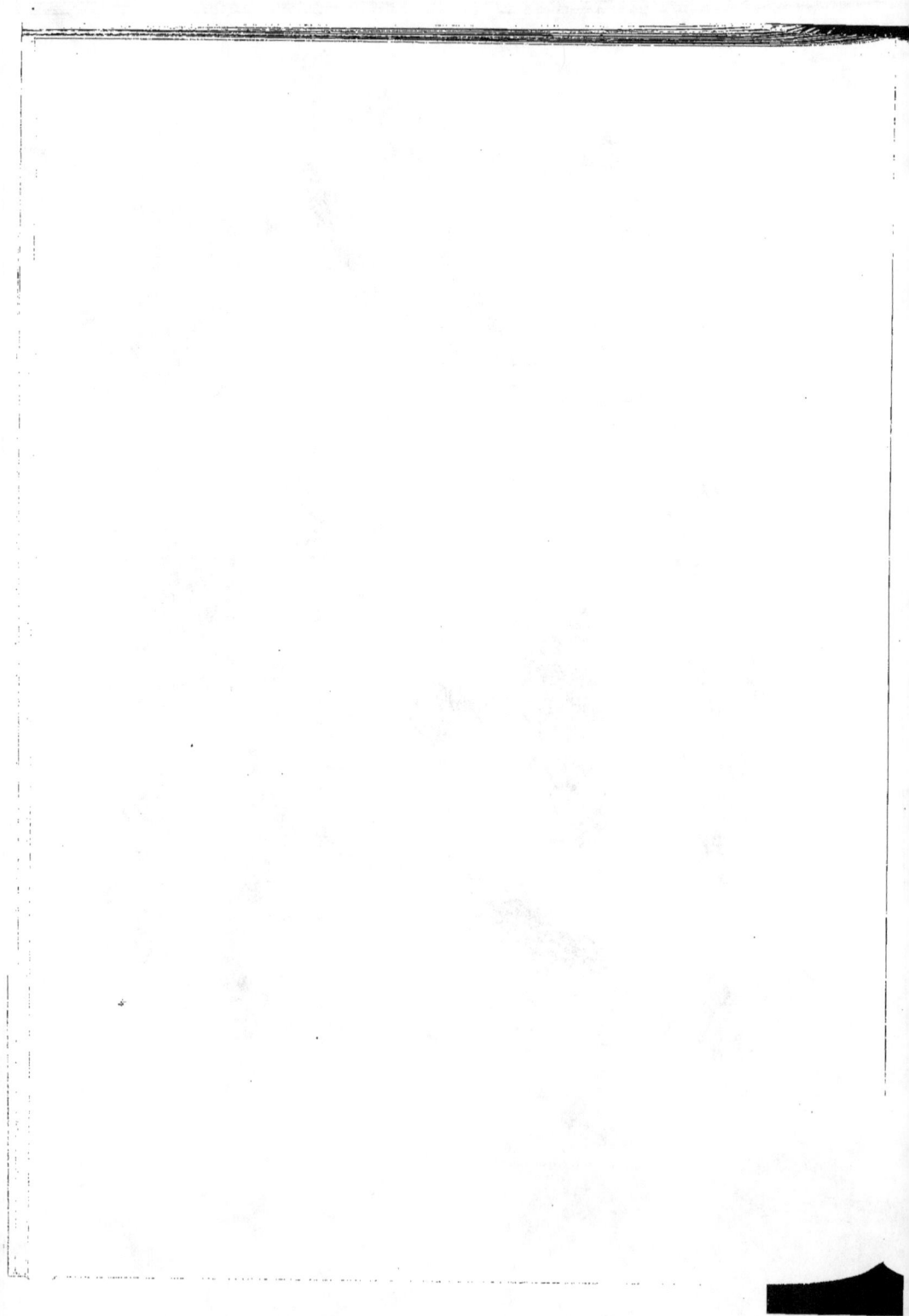

PLANCHE XXXV

PLANCHE XXXV.

EXPLICATION DES FIGURES.

CULM SUPÉRIEUR.

Fig. 1. — **Lepidodendron selaginoïdes** Sternberg. Longs rameaux minces, dichotomes, à angles très aigus. Feuilles très petites, dressées. La Tardivière, commune de Mouzeil (Loire-Inférieure).

Fig. 2. — **Lepidodendron selaginoïdes** Sternberg. Rameaux plus nombreux, en faisceau. Puits Henri, la Tardivière, commune de Mouzeil (Loire-Inférieure).

Fig. 3. — **Lepidodendron selaginoïdes** Sternberg. Rameaux sinueux. La Guérinière, commune des Touches (Loire-Inférieure).

Pl. XXXV.

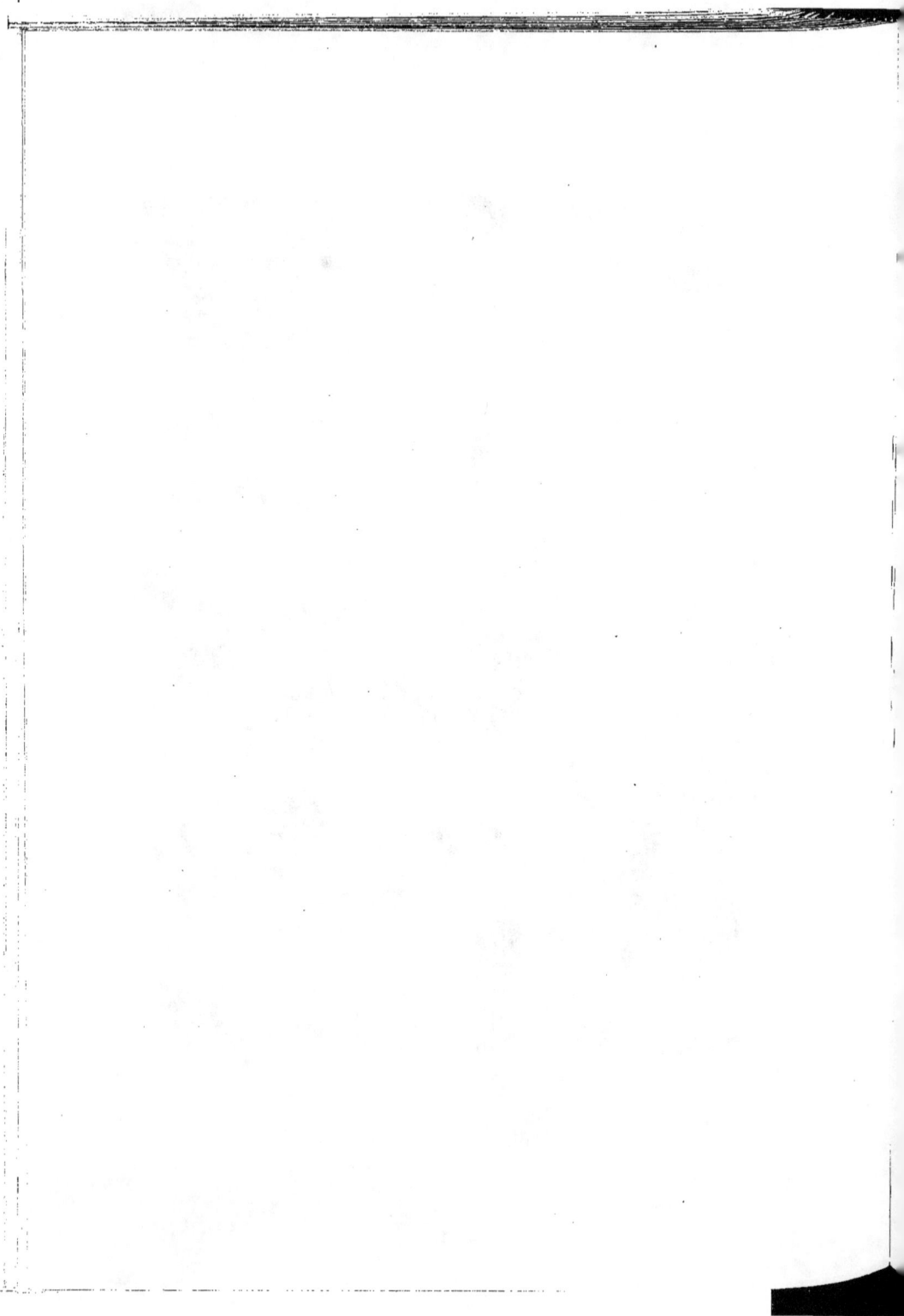

PLANCHE XXXVI

PLANCHE XXXVI.

Pl. XXXVI.

PLANCHE XXXVI*BIS*.

Pl. XXXVI bis.

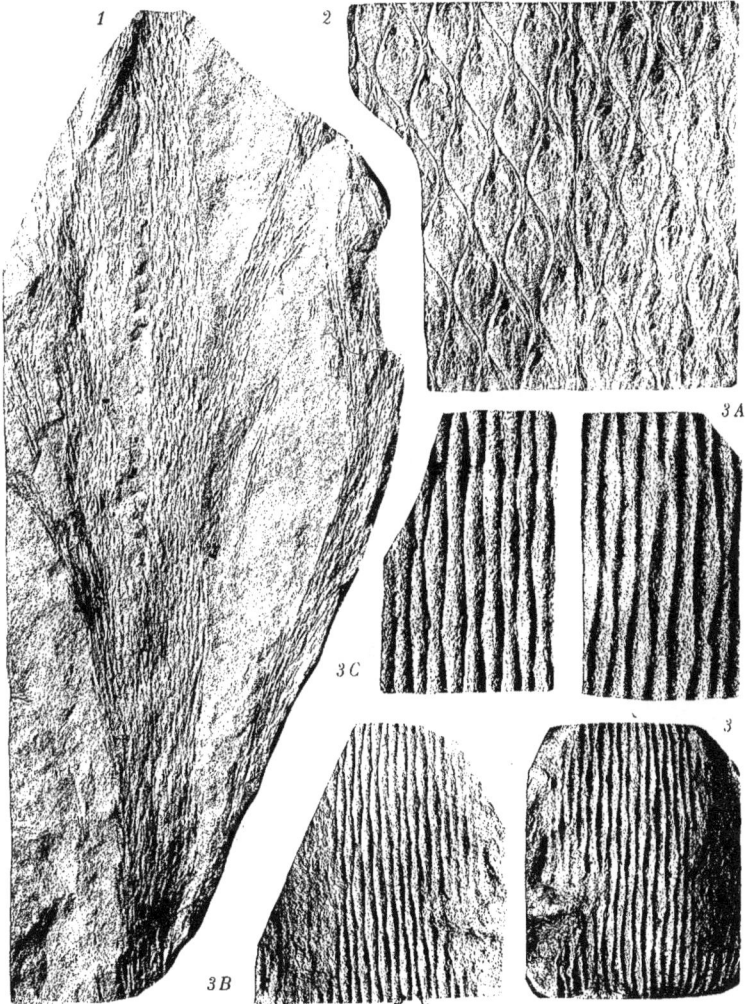

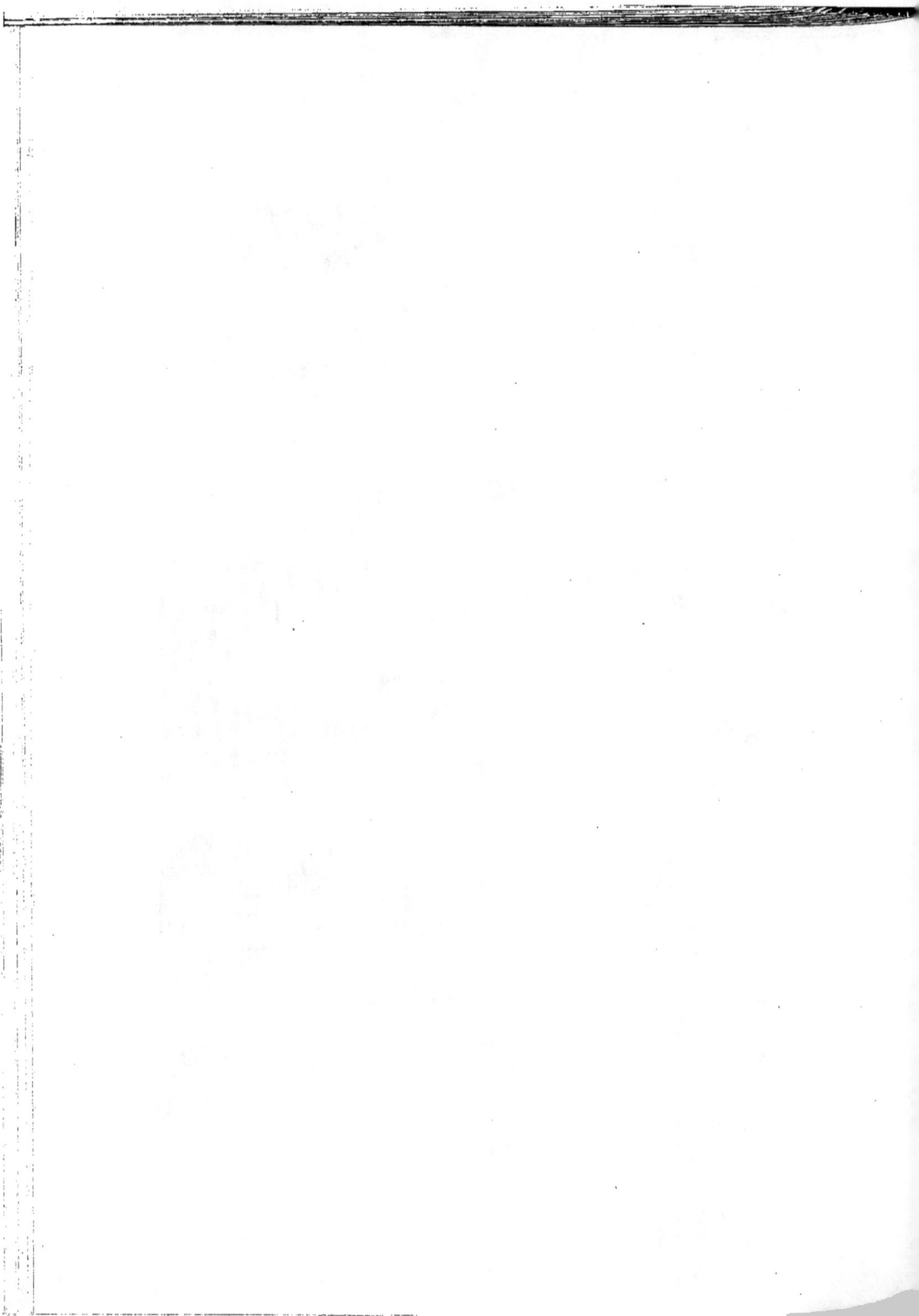

PLANCHE XXXVII

PLANCHE XXXVII.

EXPLICATION DES FIGURES.

CULM SUPÉRIEUR.

Fɪɢ. 1. — Cône de **Lepidodendron ophiurus** Aᴅ. Bʀᴏɴɢɴɪᴀʀᴛ. Se distingue par ses bractées en séries longitudinales. La Tardivière, commune de Mouzeil (Loire-Inférieure).

Fɪɢ. 2, 3, 4, 5, 7. — **Lepidostrobus variabilis** Aᴅ. Bʀᴏɴɢɴɪᴀʀᴛ. Appartient probablement au *Lepidodendron lycopodioides,* près duquel je l'ai souvent trouvé. Il est long de 4 à 10 centimètres, large de 25 millimètres. Ses bractées sont disposées en spirales. Même localité.

Fɪɢ. 6. — **Lepidostrobus ornatus** Aᴅ. Bʀᴏɴɢɴɪᴀʀᴛ. Cône plus court et plus aigu. Bractées attachées à la partie horizontale un peu au-dessus de la base du limbe, par conséquent peltées. Puits Henri, la Tardivière, commune de Mouzeil (Loire-Inférieure).

Fɪɢ. 7. — **Sigillaria venosa**, d'après la figure d'Ad. Brongniart, Hist. des vég. foss., I, p. 424, pl. CLVII, fig. 6. Puits Saint-Jacques, de la Flandrière, près Montrelais, département de la Loire-Inférieure (coll. de l'École des Mines).

Pl. XXXVII.

PLANCHE XXXVIII

PLANCHE XXXVIII.

EXPLICATION DES FIGURES.

CULM SUPÉRIEUR.

Fig. 1. — **Gymnostrobus Salisburyi**. Portion d'un très long strobile, flexible. Bractées sans partie terminale et foliacée, mais à partie basilaire portant de grands sporanges quadrangulaires. La Tardivière, commune de Mouzeil (Loire-Inférieure).

Fig. 2. — Partie terminale d'un strobile semblable. La terminaison est arrondie et les sporanges se redressent peu à peu.

Fig. 1 A. — Sporange ouvert, grossi quatre fois. On voit facilement de très nombreuses stries transversales.

Fig. 2 A. — Partie presque supérieure du strobile, grossie deux fois, pour montrer la forme des sporanges.

Fig. 3. — **Lepidodendron obovatum** STERNBERG. Espèce reconnaissable à la brièveté de ses coussinets et à la position des cicatrices foliaires, qui sont placées beaucoup plus haut que sur le *Lepidodendron Veltheinianum*. Empreinte naturelle en creux. Nouveau puits de la Transonnière, commune de Mésanger (Loire-Inférieure).

Fig. 3 A. — Moulage en cire de l'échantillon précédent, ici les coussinets sont en saillie, comme ils l'étaient sur la plante vivante.

Pl. XXXVIII.

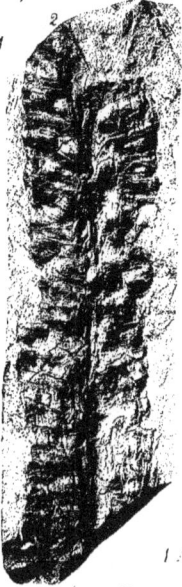

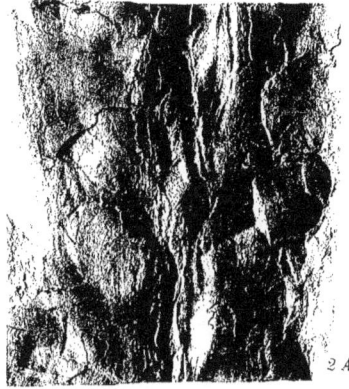

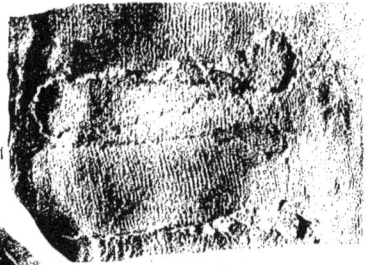

PLANCHE XXXIX

PLANCHE XXXIX.

EXPLICATION DES FIGURES.

CULM SUPÉRIEUR.

Fig. 1. — **Lycopodites tenuis** n. sp. Puits du Nord, la Tardivière, commune de Mouzeil (Loire-Inférieure). Cat. Mus. n° 7396.

Fig. 2. — **Lepidodendron Jaraczewskii** ZEILLER. Empreinte d'une tige. Montrelais, AD. BRONGNIART. Cat. Mus. n° 1196.

Fig. 2 A. — Moulage en cire de l'échantillon précédent.

Fig. 3. — **Lepidodendron Jaraczewskii** ZEILLER. Empreinte d'une tige. Veine du puits du Chêne, la Haie-Longue (Maine-et-Loire), puits du Bocage. AD. BRONGNIART 1845. Cat. Mus. n° 4668.

Fig. 3 A. — Moulage en cire de l'échantillon précédent.

Fig. 4. — **Lepidodendron Veltheimianum** STERNBERG. Empreinte d'une tige. Saint-Georges-Châtelaison, près Doué (Maine-et-Loire). VIRLET, 1828. Cat. Mus. n° 1209.

Fig. 4 A. — Moulage en cire de l'échantillon précédent.

Pl. XXXIX.

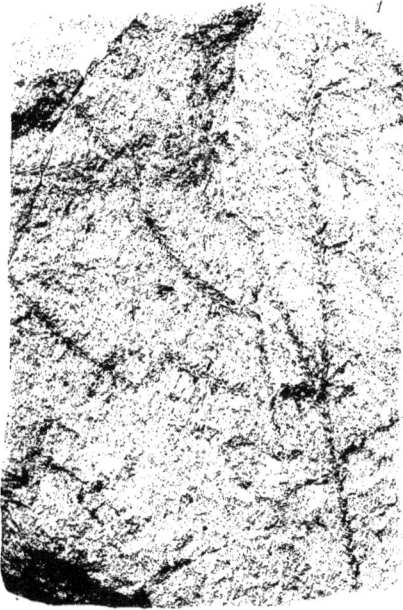

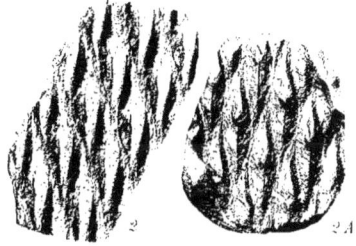

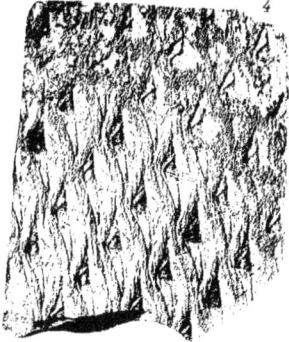

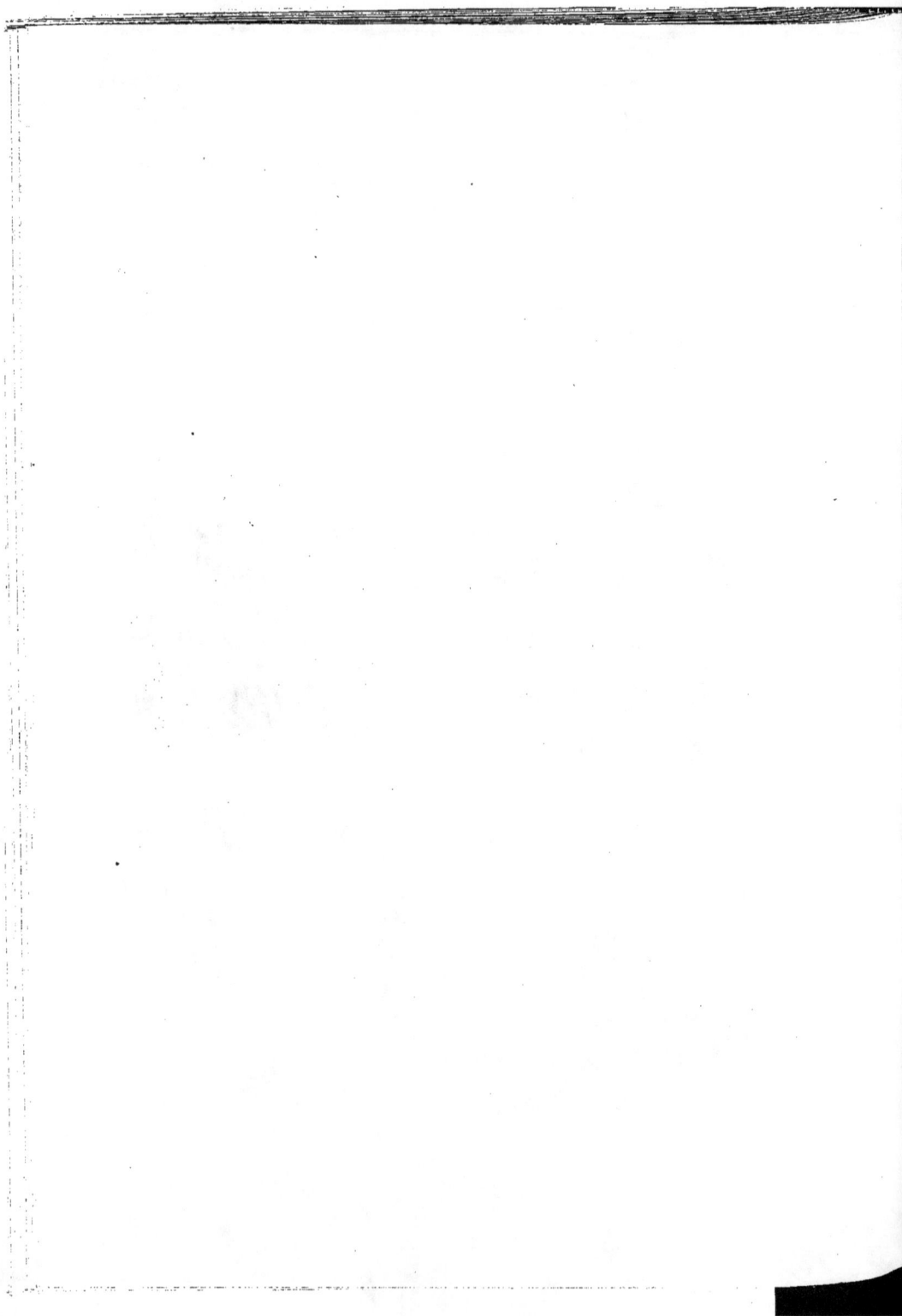

PLANCHE XL

PLANCHE XL.

EXPLICATION DES FIGURES.

CULM SUPÉRIEUR.

Fig. 1. — **Lepidodendron Jaraczewskii** Zeiller. Mines de la Prée, puits n° 5, commune de Chalonnes (Maine-et-Loire). Empreinte en creux. Ed. Bur.

Fig. 1 A. — Moulage du même, en cire.

Fig. 2. — **Lepidodendron dichotomum** Sternberg. Extérieur de l'écorce. Montrelais (paraît être de l'écriture de F. Cailliaud). Catal. Mus. d'hist. nat. Paris, n° 1204.

Fig. 2 A. — Le même. Impression de l'écorce.

Fig. 3. — **Lepidodendron obovatum** Sternberg? Tige comprimée de haut en bas.

Fig. 3 A. — Moulage du même échantillon.

Fig 4. — **Lepidodendron Veltheimianum** Sternberg. Surface sous-épidermique. Puits neuf, la Tardivière, commune de Mouzeil (Loire-Inférieure).

Fig. 4 A. — Moulage du même échantillon.

Pl. XL

1

1 A

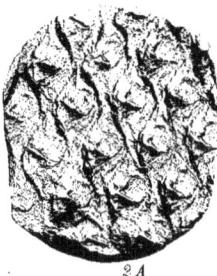

2 A

3 A

2

4

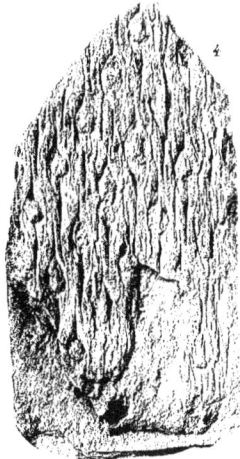

4 A

3

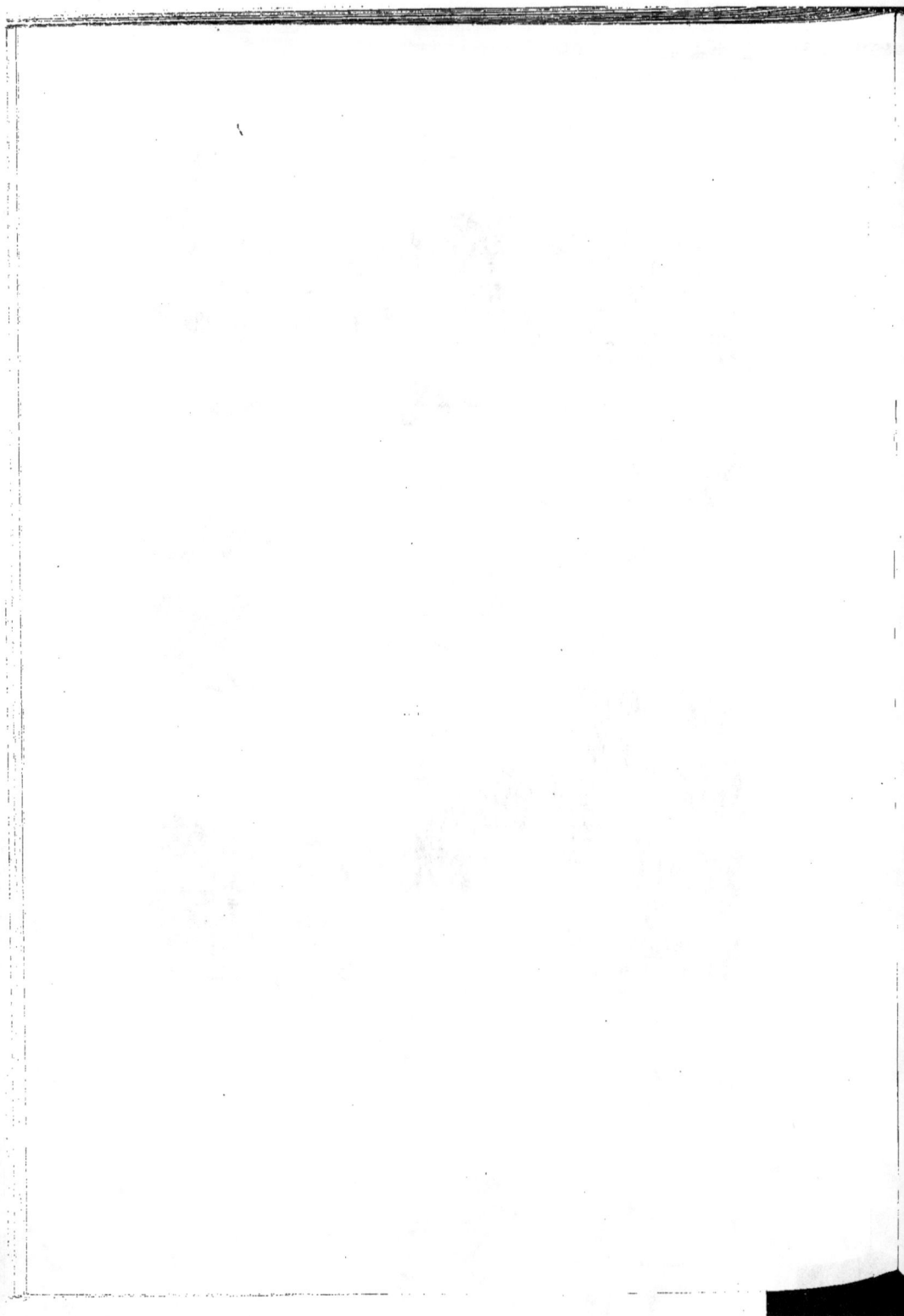

PLANCHE XLI

IMPRIMERIE NATIONALE.

PLANCHE XLI.

EXPLICATION DES FIGURES.

CULM SUPÉRIEUR.

Fig. 1. — **Lycopodites tenuis** n. sp. Rameaux longs et grêles, bifurcations rares, côtes arrondies, feuilles très petites, étalées. Puits Saint-Georges, commune de Mouzeil (Loire-Inférieure).

Fig. 2. — **Halonia tuberculosa** Ad. Brongniart. Forme particulière des tiges de *Lepidophloios*. Quatre rangées de tubercules. Échantillon type de Brongniart. Montrelais. Catal. Mus. Paris, n° 1349.

Fig. 3. — **Sigillaria minima** Ad. Brongniart. Photographié d'après le type figuré par Ad. Brongniart, *Hist. des végét. foss.*, tome I, p. 435, pl. CLVIII, fig. 2, 2 A. Puits Saint-Jacques, à la Flandrière, Mines de Montrelais (département de la Loire-Inférieure). Dessiné par Ad. Brongniart, en 1822. Muséum de la ville de Nantes.

Fig. 3 A. — Partie du même échantillon grossie deux fois.

Fig. 4. — **Hexagonospermum rugosum** var. *angustius* Ed. Bur. La Tardivière, commune de Mouzeil (Loire-Inférieure).

Fig. 4 A. — Même graine grossie deux fois.

Fig. 5. — Graine qui me paraît de la même espèce, mais plus renflée et à côtes moins accusées. Puits Saint-Georges, la Tardivière, commune de Mouzeil (Loire-Inférieure).

Fig. 5 A. — Même graine grossie deux fois.

Fig. 6. — **Rhabdocarpus ellipticus** n. sp. La Bourgonnière, concession des Touches (Loire-Inférieure).

Fig. 6 A. — Même graine grossie deux fois.

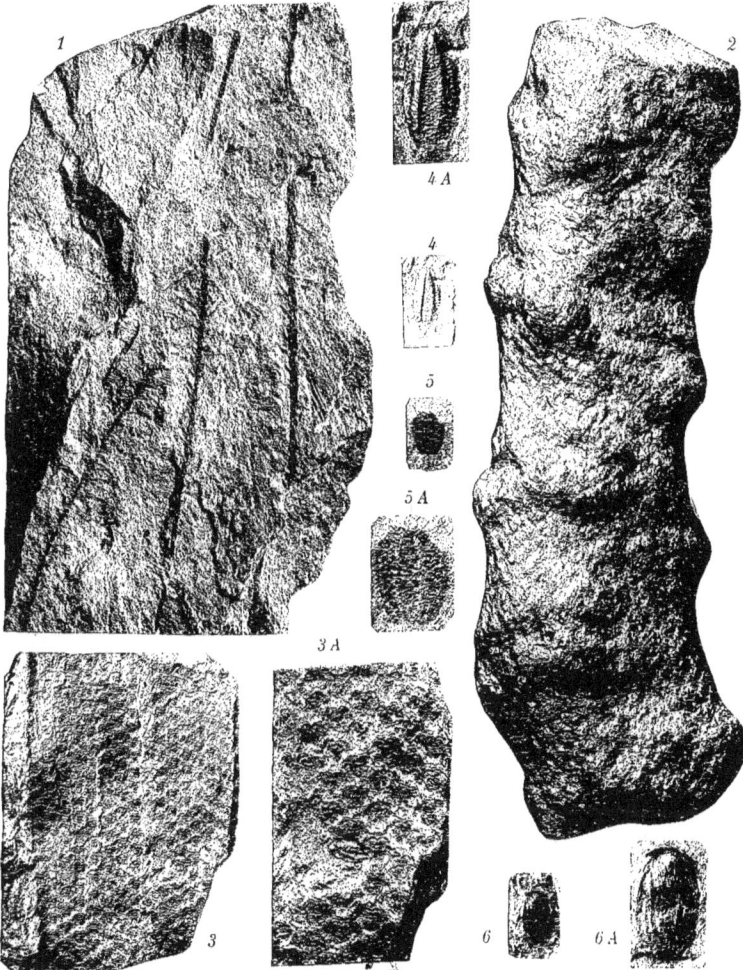

Pl. XLI.

Clichés et Phototypie Sohier et Cⁱᵉ, à Champigny-sur-Marne

PLANCHE XLII

PLANCHE XLII.

EXPLICATION DES FIGURES.

CULM SUPÉRIEUR.

Fig. 1. — **Lepidodendron rimosum** Sternberg. Couche sous-épidermique. Veine du puits du Chêne, la Haie-Longue (Maine-et-Loire), Ad. Brongniart 1845. Mus. d'hist. nat., Paris, catal. d'entrée des plantes foss., n° 4665.

Fig. 1 A. — Fragment de la même tige grossie deux fois.

Fig. 2. — **Lepidodendron rimosum** Sternberg. Grosse tige avec fissures par lesquelles les tissus de l'intérieur font saillie. La Tardivière, commune de Mouzeil (Loire-Inférieure).

Fig. 3. — **Lepidodendron rimosum** Sternberg. Très vieille tige rayée de fissures longitudinales, parallèles, donnant à cet échantillon l'aspect d'un *Sigillaria*; mais, dans les vrais sigillaires, les cicatrices foliaires sont régulièrement au milieu des côtes. Coll. Dubuisson 3-59. M. O. 3. Montrelais (Loire-Inférieure). Muséum de Nantes.

Pl. XLII.

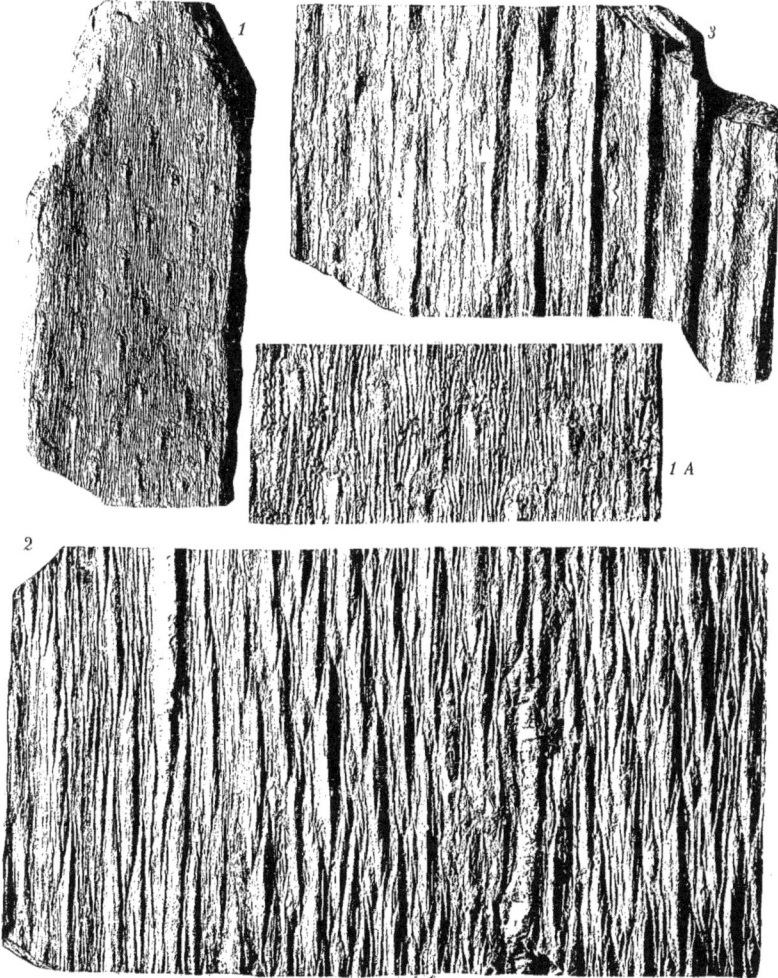

1

3

1 A

2

Clichés et Phototypie Sohier et Cⁱᵉ, à Champigny-sur-Marne

PLANCHE XLIII

IMPRIMERIE NATIONALE.

PLANCHE XLIII.

EXPLICATION DES FIGURES.

CULM SUPÉRIEUR.

Fig. 1. — **Lepidodendron Veltheimianum.** Tige portant de nombreux coussinets, très petite pour sa grosseur. Ceux du bas de l'échantillon en saillie, ceux du haut en creux. Autour des uns et des autres on voit le cordon, le plus souvent géminé, qui sépare les coussinets. Ce cordon est surtout visible autour des coussinets en creux ; là il est en relief, tandis qu'il est en creux autour des coussinets en saillie. Puits Saint-Georges, la Tardivière, commune de Mouzeil (Loire-Inférieure).

Fig. 1 A. — Coussinets en creux de la partie supérieure de l'échantillon. Grossis trois fois.

Fig. 1 B. — Coussinets en relief de la partie inférieure du même échantillon. Même grossissement.

Fig. 2: — **Lepidodendron Veltheimianum.** Très vieux tronc fissuré. Par les fissures est sorti un tissu parenchymateux qui s'est disposé en fuseaux imbriqués. Cet aspect a été très bien rendu par Schimper (*Mémoire sur le terrain de transition des Vosges*, pl. XXI, fig. à droite, en bas). Sur les parties conservées de l'ancienne surface extérieure, et même sur le bord de quelques fuseaux, on voit des coussinets entourés des cordons ordinaires dans cette espèce (Schimper l. c., fig. du bas à gauche et du haut). Les fuseaux dont nous venons de parler n'ont rien de commun avec les protubérances des *Knorria*, qui sont fibro-vasculaires et se rendent dans les feuilles. La Tardivière, commune de Mouzeil (Loire-Inférieure).

Pl. XLIII.

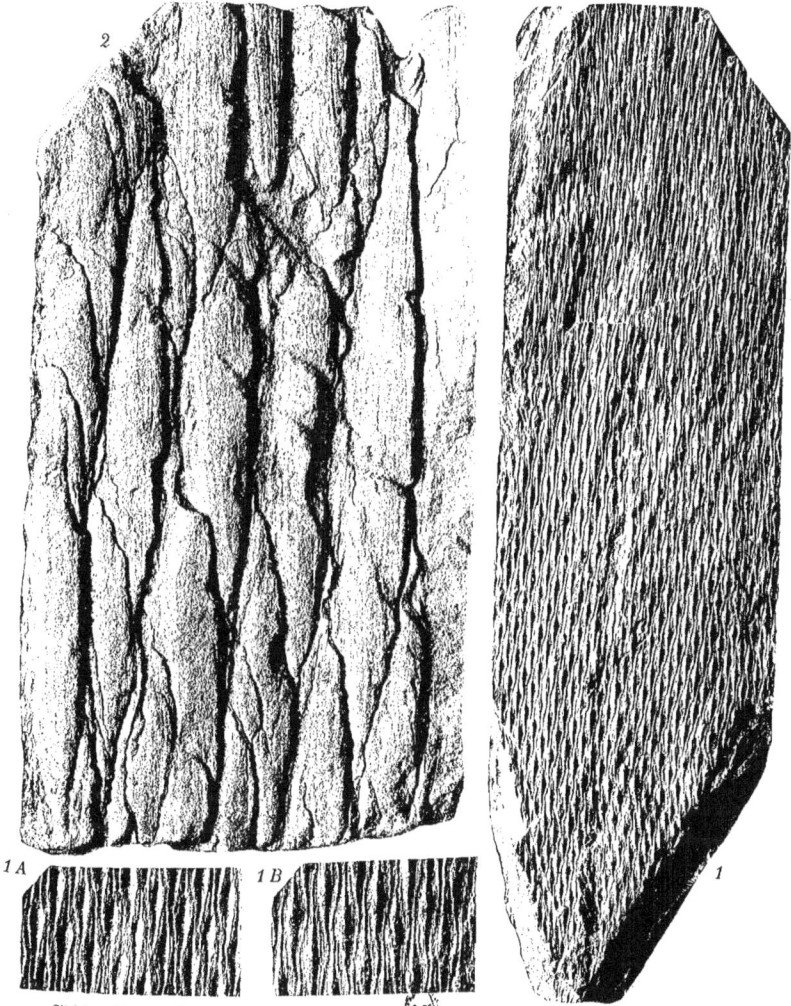

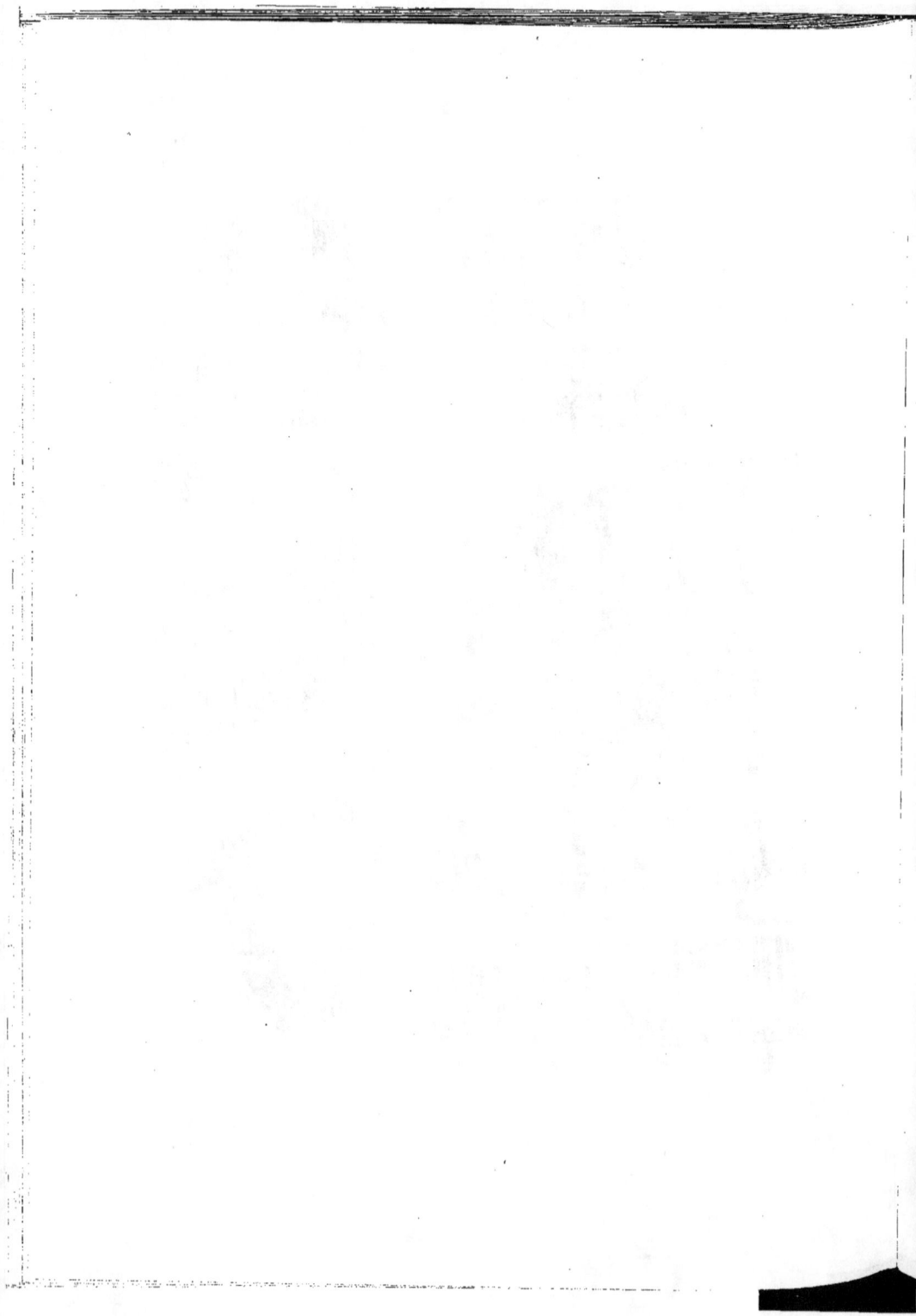

PLANCHE XLIV

PLANCHE XLIV.

EXPLICATION DES FIGURES.

CULM SUPÉRIEUR.

FIG. 1. — **Lepidodendron Veltheimianum** STERNBERG. Très vieux tronc couvert de protubérances en forme de fuseaux très allongés formés par un tissu cellulaire qui a fait saillie par les fentes de l'écorce. Au milieu, et surtout à gauche, bandes de coussinets entourés par les cordons habituels dans cette espèce. Puits Henri, la Tardivière, commune de Mouzeil (Loire-Inférieure).

FIG. 2. — Autre échantillon, différent seulement par les coussinets plus nombreux, mais moins nets. Même localité.

FIG. 3. — Deux feuilles prises au revers de l'échantillon n° 1. Ces feuilles, vues par le dos, sont elliptiques, et la base de chacune recouvre le coussinet qui le porte. Cela rappelle l'insertion des feuilles du *Lepidodendron lycopodioides*.

FIG. 4. — **Equisetum antiquum** ED. BUR. Ramuscules détachés d'une tige qui n'a pas encore été trouvée. Chaque entre-nœud se termine, comme dans les *Equisetum* vivants, par une gaine légèrement évasée et surmontée de dents subulées, très aiguës.

FIG. 4 A, 4 B. — Deux sommités d'entre-nœuds se terminant par une gaine qui se divise en dents subulées.

Pl. XLIV.

PLANCHE XLV

IMPRIMERIE NATIONALE.

PLANCHE XLV.

EXPLICATION DES FIGURES.

CULM SUPÉRIEUR.

Fig. 1. — **Lepidodendron Veltheimianum.** Forme Ulodendroïde, coussinets foliaires saillants et séparés les uns des autres par un sillon couvert de stries. Grand disque de 35 millimètres de long sur 25 millimètres de large. C'est assurément l'impression de la base d'un cône. La Tardivière, commune de Mouzeil (Loire-Inférieure).

Fig. 1 A. — Fragment de l'échantillon ci-dessus avec les coussinets en saillie, grossi deux fois.

Fig. 1 B. — Moulage du même. Les coussinets sont en creux et séparés par des cordons striés.

Fig. 2. — **Lepidodendron Veltheimianum.** Forme Ulodendroïde. Empreinte de fig. 1.

Fig. 3. — **Ulodendron minus** Lindl. et Hutt. Tige dont la partie sous-corticale a été comprimée et bosselée par la compression. La Tardivière, commune de Mouzeil (Loire-Inférieure).

Pl. XLV.

3

2

1

1 B   *1 A*

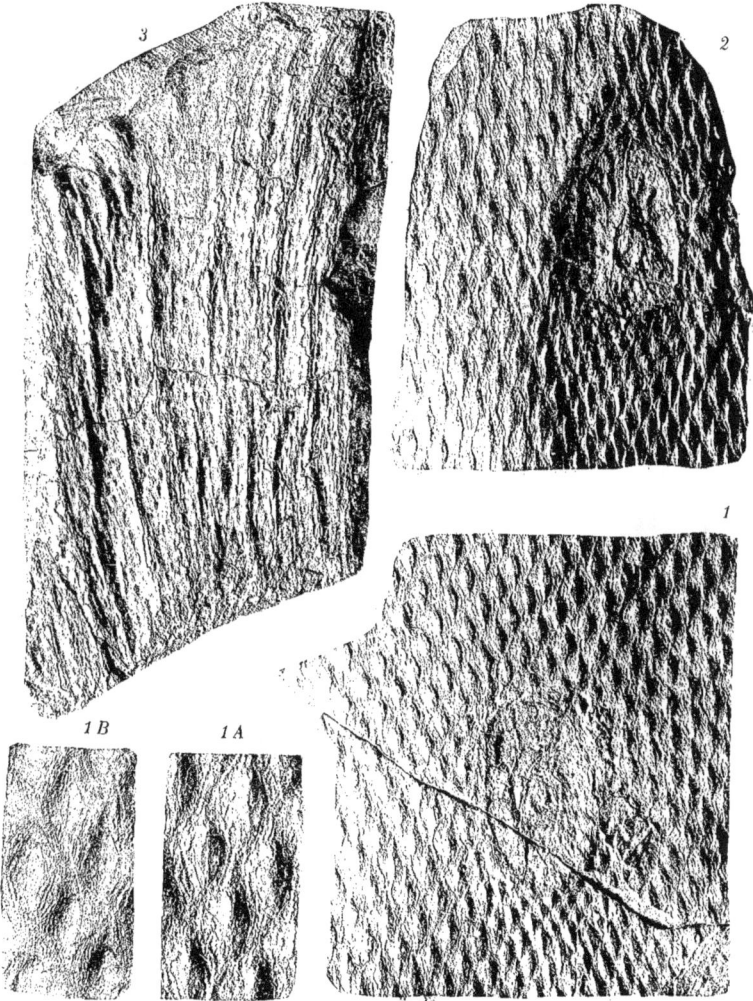

Clichés et Phototypie Sohier et Cⁱᵉ, à Champigny-sur-Marne

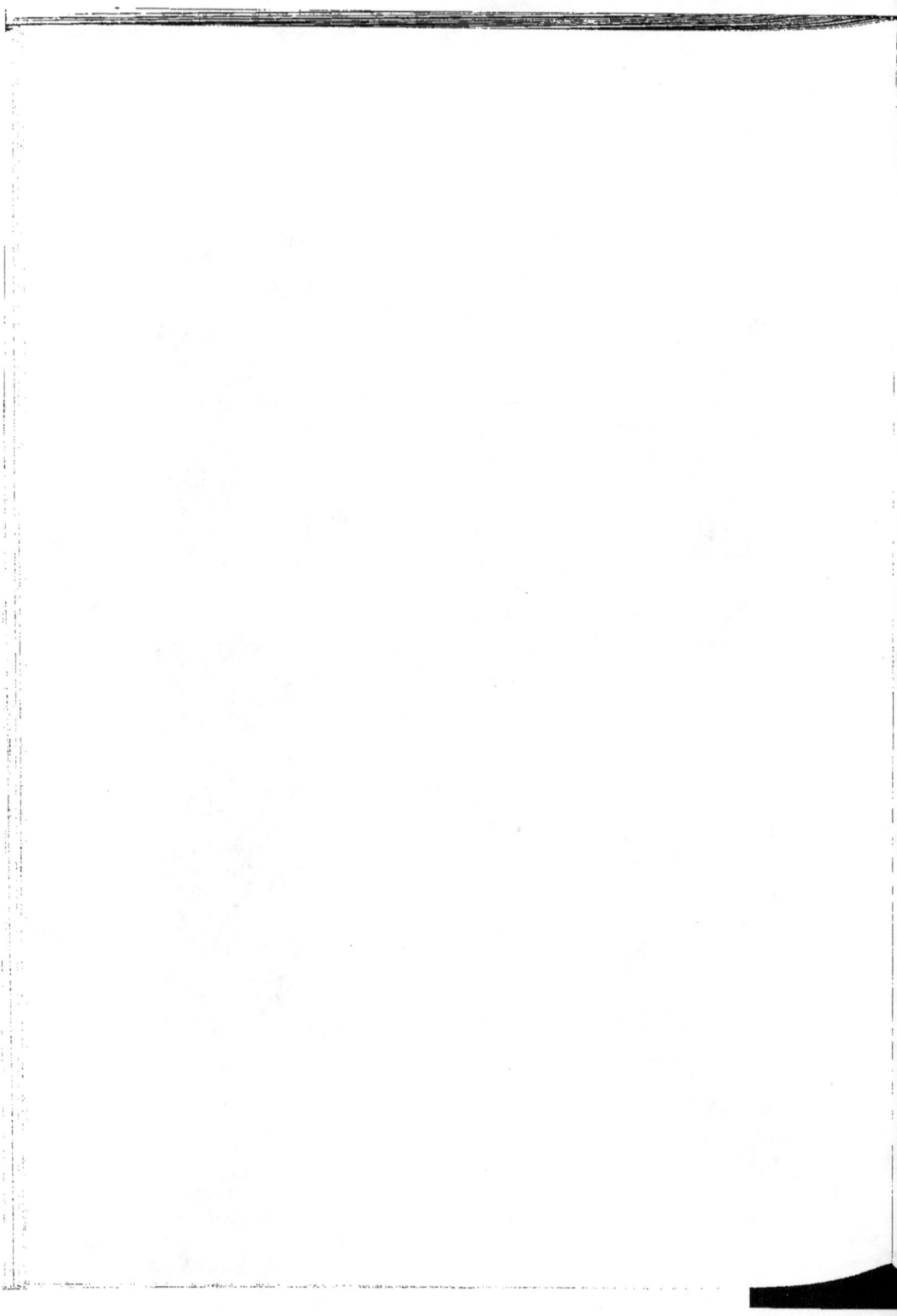

PLANCHE XLVI

PLANCHE XLVI.

EXPLICATION DES FIGURES.

CULM SUPÉRIEUR.

Fig. 1. — **Ulodendron majus** Lindl. et Hutt. Grande tige couverte de bases de feuilles dont quelques-unes ont conservé des fragments de limbe lacérés. Disques très écartés, concaves par l'impression du strobile, qui s'est détaché. La Tardivière, commune de Mouzeil (Loire-Inférieure). Cat. Mus. Paris, n° 7403.

Fig. 2. — Contre-empreinte du même échantillon, dans sa partie supérieure. On voit, sur cette contre-empreinte, la base en relief du cône fossile qui a impressionné la tige et y a marqué le disque concave qui se trouve en haut de l'échantillon 1. Cat. Mus., n° 7402.

Fig. 3. — **Ulodendron majus** Lindl. et Hutt. Décortiqué. On voit les cicatricules des faisceaux vasculaires se rendant aux feuilles. Même provenance.

Fig. 4. — **Ulodendron majus** Lindl. et Hutt. Rameau sur lequel les disques semblent rangés sur une côte accessoire, limitée à droite et à gauche par un sillon sinueux; disposition assez fréquente. Peut-être accident de fossilisation. Puits Préjean, la Tardivière, commune de Mouzeil (Loire-Inférieure).

Pl. XLVI.

1

2

3

4

Clichés et Phototypie Sohier et Cⁱᵉ, à Champigny-sur-Marne

PLANCHE XLVII

PLANCHE XLVII.

CULM SUPÉRIEUR.

Fɪɢ. 1. — **Ulodendron majus** Lɪɴᴅʟ. et Hᴜᴛᴛ. Tige à disques rapprochés, à longues feuilles linéaires, quelques-unes encore insérées, la plupart détachées et ayant laissé leurs bases qui s'imbriquent de bas en haut. la Tardivière, commune de Mouzeil (Loire-Inférieure).

Pl. XLVII.

PLANCHE XLVIII

PLANCHE XLVIII.

EXPLICATION DES FIGURES.

CULM SUPÉRIEUR.

F𝐈𝐆. 1. — **Ulodendron minus** L𝐈𝐍𝐃𝐋. et H𝐔𝐓𝐓. Tige très écrasée sur deux faces, antérieure et postérieure, formées par des feuilles serrées, dressées ; dans l'intervalle, une couche de compartiments rhomboïdaux correspondant à l'insertion des feuilles. Deux impressions de bases du cône, sur la même ligne verticale. Puits Saint-Georges, la Tardivière, commune de Mouzeil (Loire-Inférieure).

F𝐈𝐆. 2. — **Ulodendron minus** L𝐈𝐍𝐃𝐋. et H𝐔𝐓𝐓. Couches épidermique et sous-épidermique. Un disque petit, très rond, très régulier. Même provenance.

F𝐈𝐆. 3. — **Ulodendron minus** L𝐈𝐍𝐃𝐋. et H𝐔𝐓𝐓. Face externe couverte de feuilles dressées. Puits Préjean, la Tardivière, commune de Mouzeil (Loire-Inférieure).

F𝐈𝐆. 3 A, 3 B. — Feuilles de l'échantillon précédent grossis deux fois. Même localité.

F𝐈𝐆. 4. — **Ulodendron minus** L𝐈𝐍𝐃𝐋. et H𝐔𝐓𝐓. Fragment de rameau montrant à droite la couche épidermique après la chute des feuilles, et, à gauche, des feuilles encore insérées, vues de profil.

Pl. XLVIII.

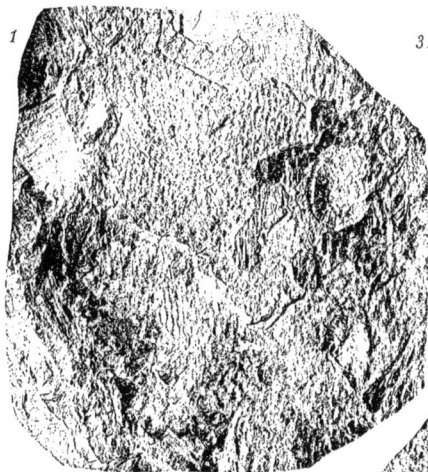

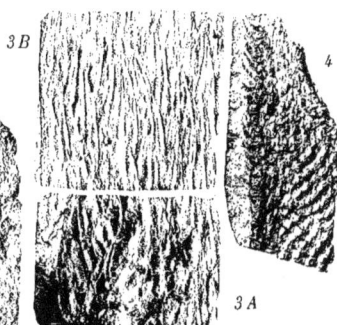

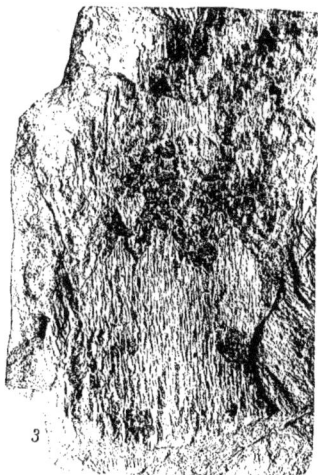

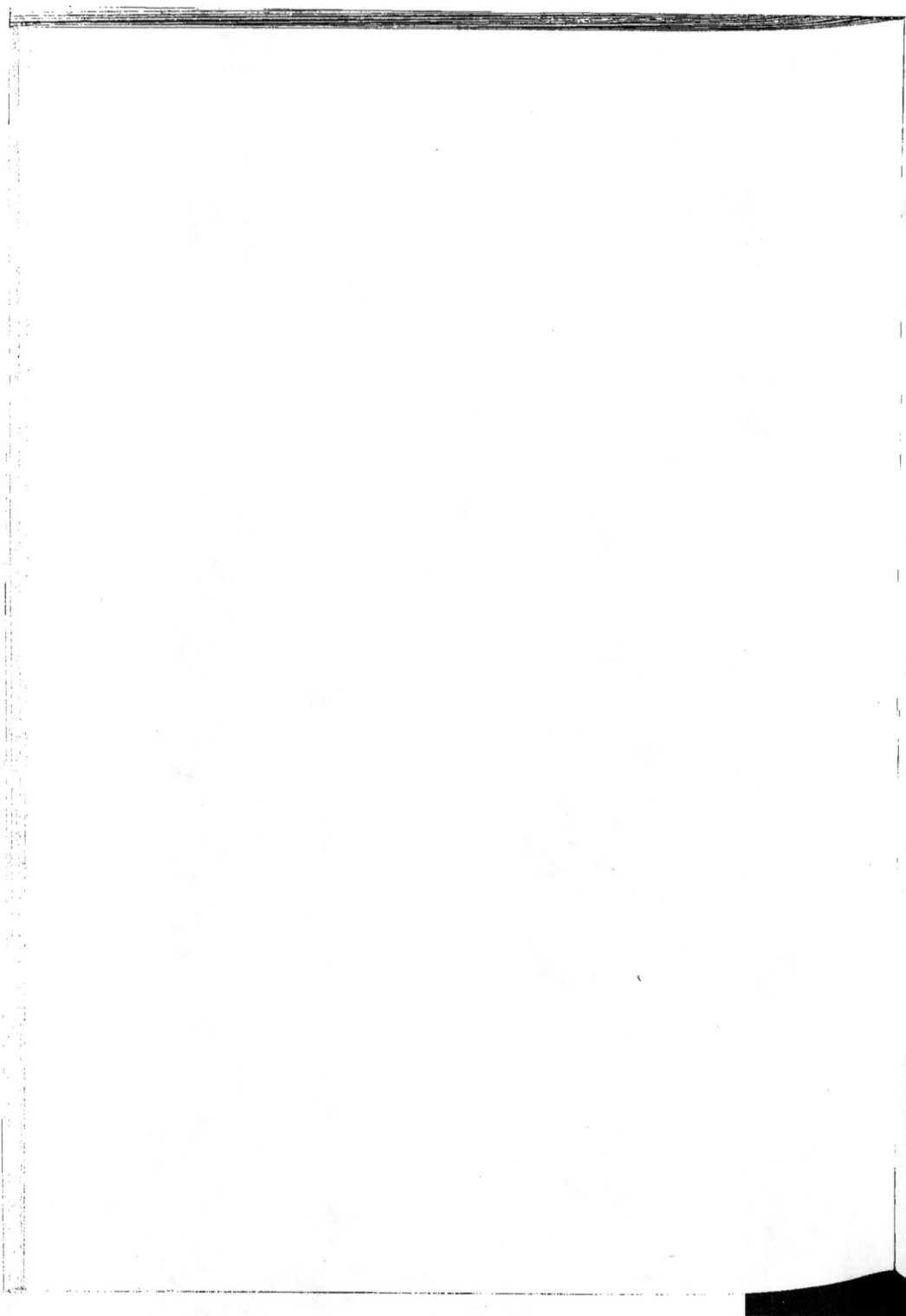

PLANCHE XLIX

IMPRIMERIE NATIONALE.

PLANCHE XLIX.

ÉXPLICATION DES FIGURES.

CULM SUPÉRIEUR.

FIG. 1. — **Thaumasiodendron andegavense** n. sp. Gros rameau courbé à la base, comme s'il venait de se détacher d'un tronc ou d'un autre rameau. Sur le bord droit et sur le bord gauche, rangée de feuilles, courtes et épaisses, vues de profil. Surface couverte d'impression de mamelons. Puits n° 3. Mines de la Prée, commune de Chalonnes (Maine-et-Loire).

FIG. 1 A. — Partie supérieure de l'échantillon 1. Elle devait continuer cet échantillon, mais on a dû la mettre à côté, faute de place.

FIG. 1 B. — Coussinets en relief, moulés sur 1, où ils sont en creux.

FIG. 1 C. — Figure précédente grossie deux fois.

FIG. 1 D. — Image en relief des coussinets de l'échantillon 1 A.

FIG. 1 E. — Feuille et empreinte d'une feuille, de profil.

FIG. 2. — **Thaumasiodendron andegavense.** Contre-empreinte d'un autre échantillon, avec feuilles du côté droit. Sur la face antérieure, écorce enlevée et fibres longitudinales à la surface du bois. Même provenance.

FIG. 2 A. — Fibres de la surface décortiquée de l'échantillon 2. Fragment de ce même échantillon, grossi deux fois.

Pl. XLIX.

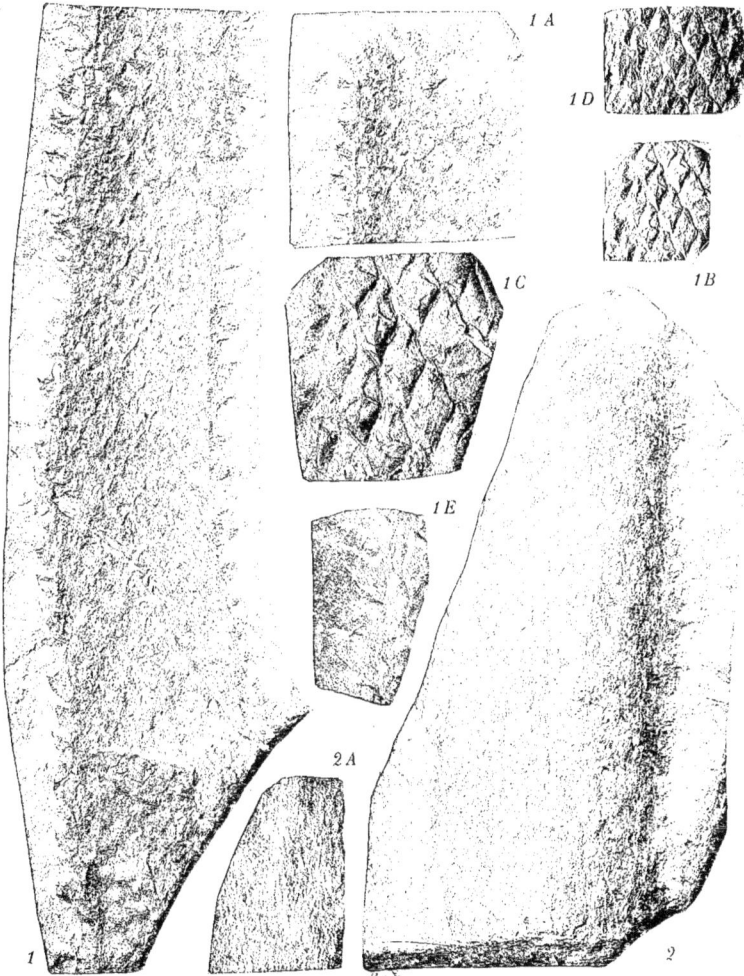

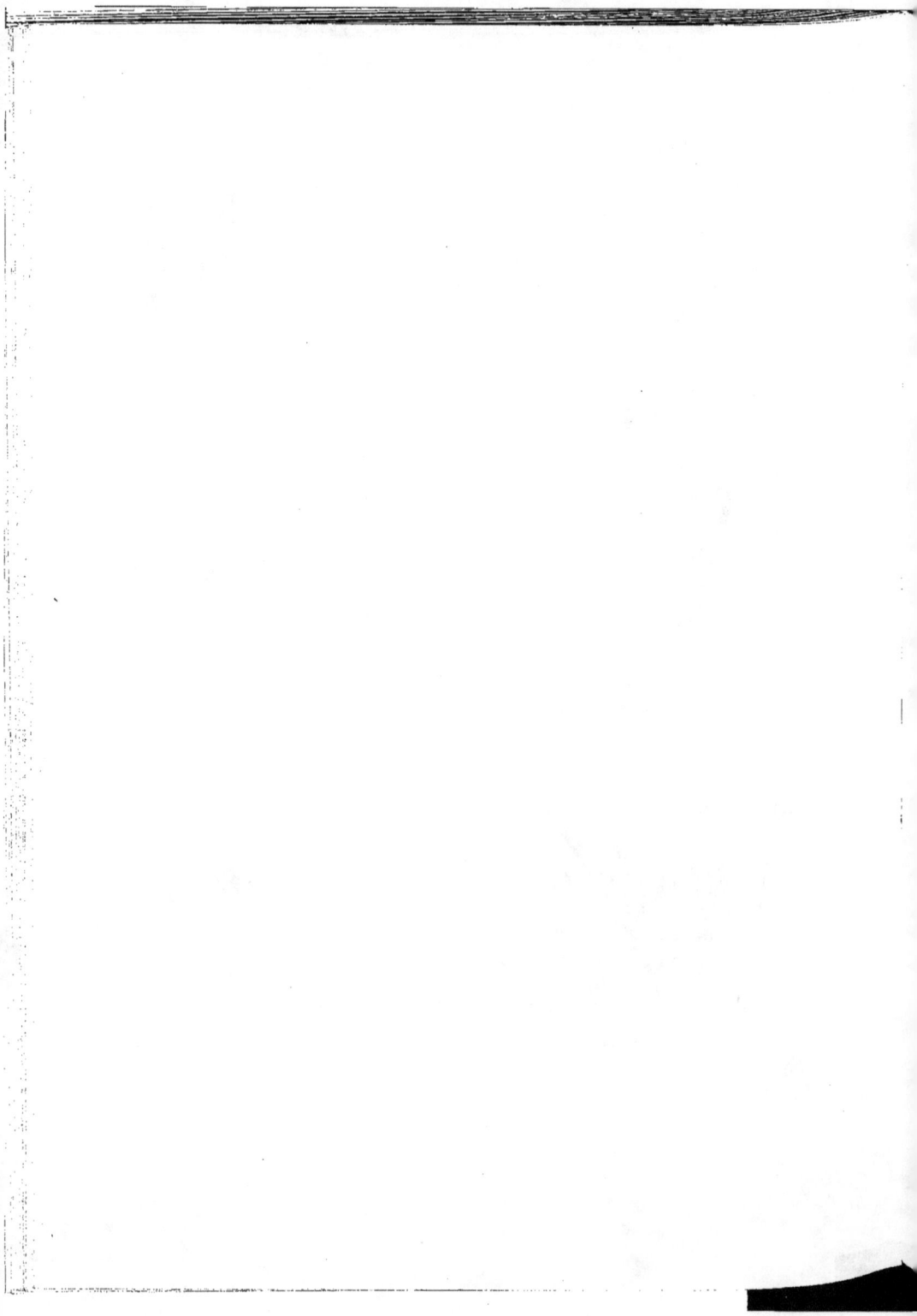

PLANCHE L

PLANCHE L.

EXPLICATION DES FIGURES.

CULM SUPÉRIEUR.

Fig. 1. — **Knorria imbricata** Sternberg. Un tronc décortiqué, avec les faisceaux fibreux imbriqués, cylindriques, brisés transversalement à la partie supérieure. La Tardivière, commune de Mouzeil (Loire-Inférieure).

Fig. 2. — Partie postérieure du tronc précédent, avec les cordons foliaires toujours imbriqués, mais usés à leur partie supérieure et prenant au sommet une forme presque ogivale. Peut être l'effet d'un frottement qui se serait produit d'un seul côté du tronc.

Fig. 3. — Cordons foliaires renflés du bas, ce qui leur donne une forme de bouteille. Puits Neuf, la Tardivière, commune de Mouzeil (Loire-Inférieure).

Fig. 4. — Le col des faisceaux foliaires tend à s'effacer de plus en plus. Il ne reste que la partie renflée. Même provenance.

Pl. I.

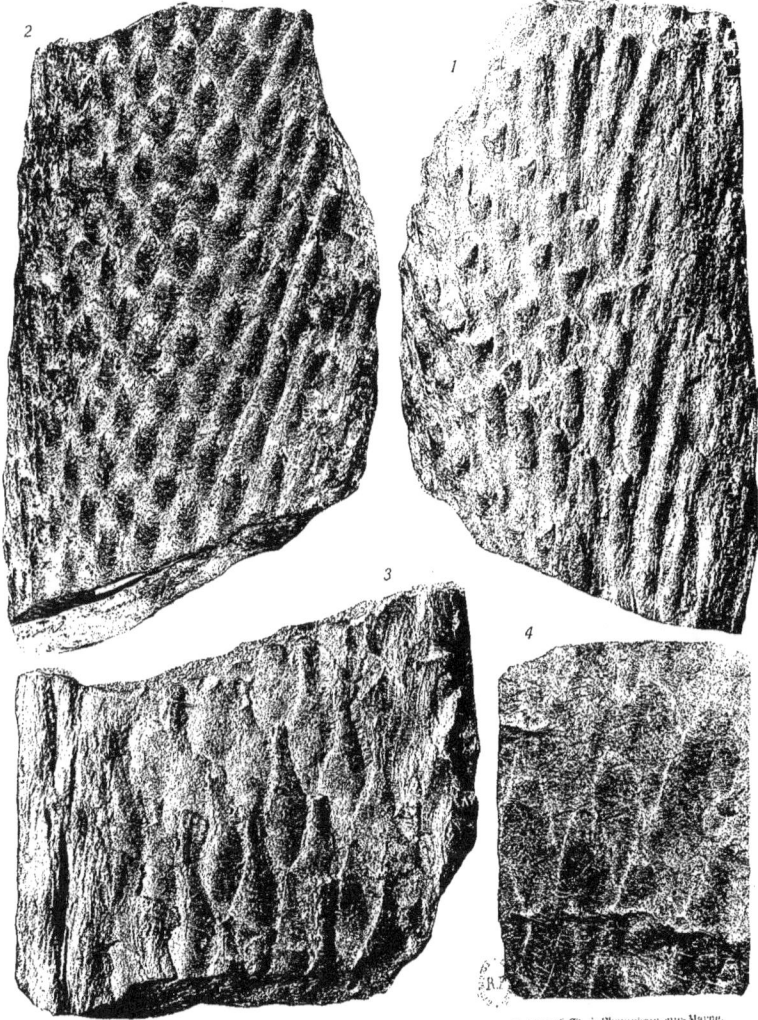

PLANCHE LI

IMPRIMERIE NATIONALE.

PLANCHE LI.

Pl. LI.

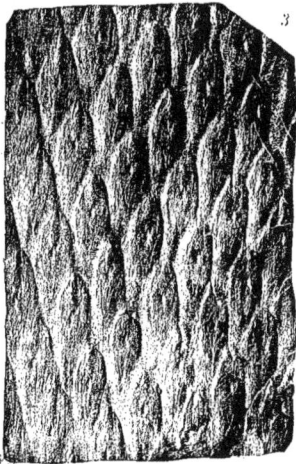

Clichés et Phototypie Sohier et Cie, à Champigny-sur-Marne

PLANCHE LII

PLANCHE LII.

EXPLICATION DES FIGURES.

CULM SUPÉRIEUR.

Fig. 1. — **Knorria.** Très grosse tige décortiquée. A la surface du corps ligneux sont des saillies elliptiques, contiguës, en quinconce, qui portent vers le milieu une cicatrice vasculaire. Cet échantillon, trouvé par moi à la Tardivière, est au Muséum, Je n'en ai fait représenter qu'une faible portion, grandeur naturelle.

Fig. 2. — **Lepidophyllum lanceolatum** Lindl. et Hutt. C'est la forme petite. La Tardivière, commune de Mouzeil (Loire-Inférieure).

Fig. 3. — **Calamites cannæformis** Schlotheim. *Calamites Haueri* Stur. Le nom : *Calamites Haueri* a été inscrit, sur cet échantillon et sur le suivant, de la main de Stur. Il est sûr que le *Cal. Haueri* est un synonyme de l'ancien *Calamites cannæformis* de Schlotheim. Ce n° 3 est nettement une base de tige. Elle est ob-conique, et les articulations, en allant de haut en bas, sont de plus en plus rapprochées. La Tardivière, commune de Mouzeil (Loire-Inférieure).

Fig. 4. — **Calamites cannæformis.** Fragment d'un tronc cylindrique. Les entre-nœuds sont à peu près égaux. Les côtes du *Calamites cannæformis* sont d'ordinaire plus grosses que celles des autres espèces. Mines de Chalonnes (Maine-et-Loire).

Pl. LII.

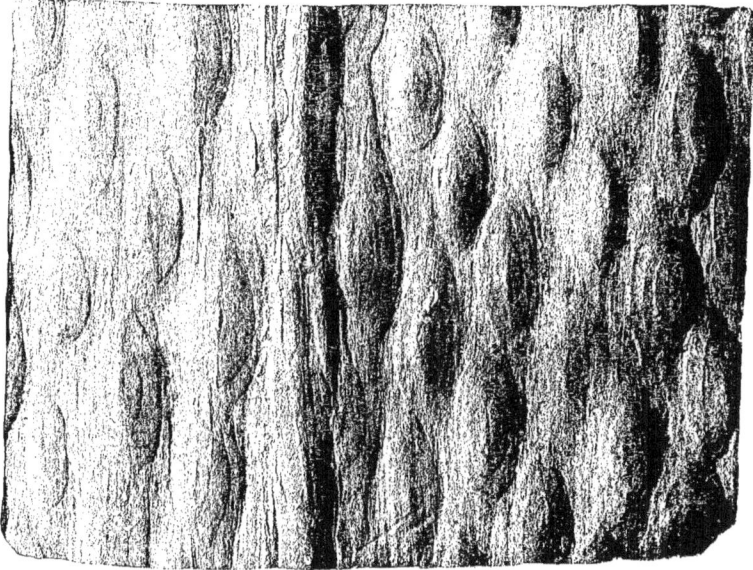

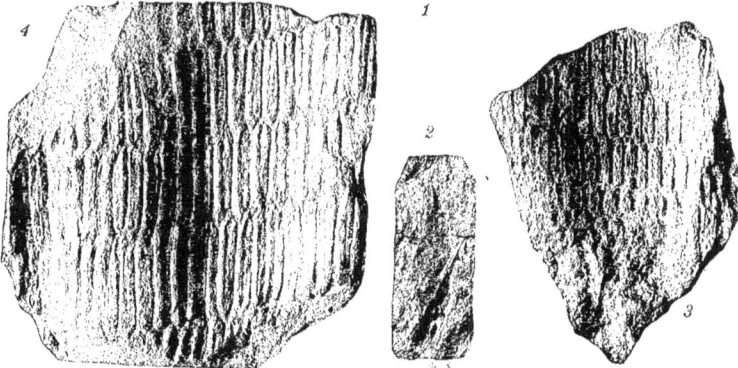

PLANCHE LIII.

EXPLICATION DES FIGURES.

CULM SUPÉRIEUR.

Fig. 1. — **Lepidophloios laricinus**. Empreinte d'un rameau stérile couvert de feuilles étalées, linéaires ou linéaires-lancéolées, insérées en spirales. Puits Préjean, la Tardivière, commune de Mouzeil (Loire-Inférieure). Mus. Paris.

Fig. 2. — Contre-empreinte de l'échantillon précédent, montrant, outre les feuilles stériles insérées sur le rameau, deux écailles beaucoup plus larges, lancéolées, détachées d'un cône et ayant porté un sporange sur leur partie basilaire.

Pl. LIII.

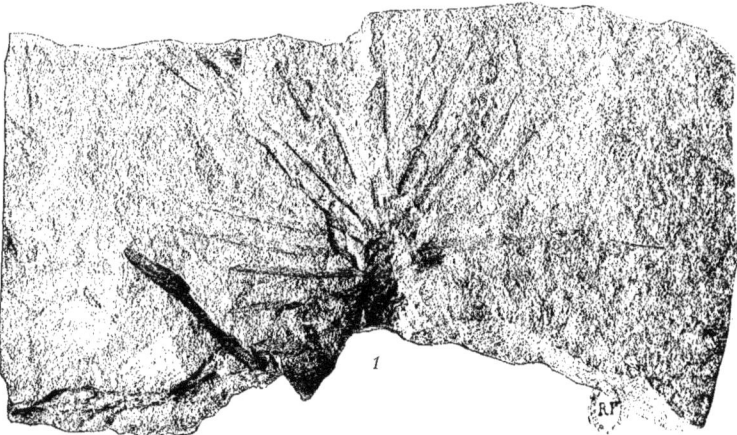

Clichés et Phototypie Sohier et Cⁱᵉ, à Champigny-sur-Marne

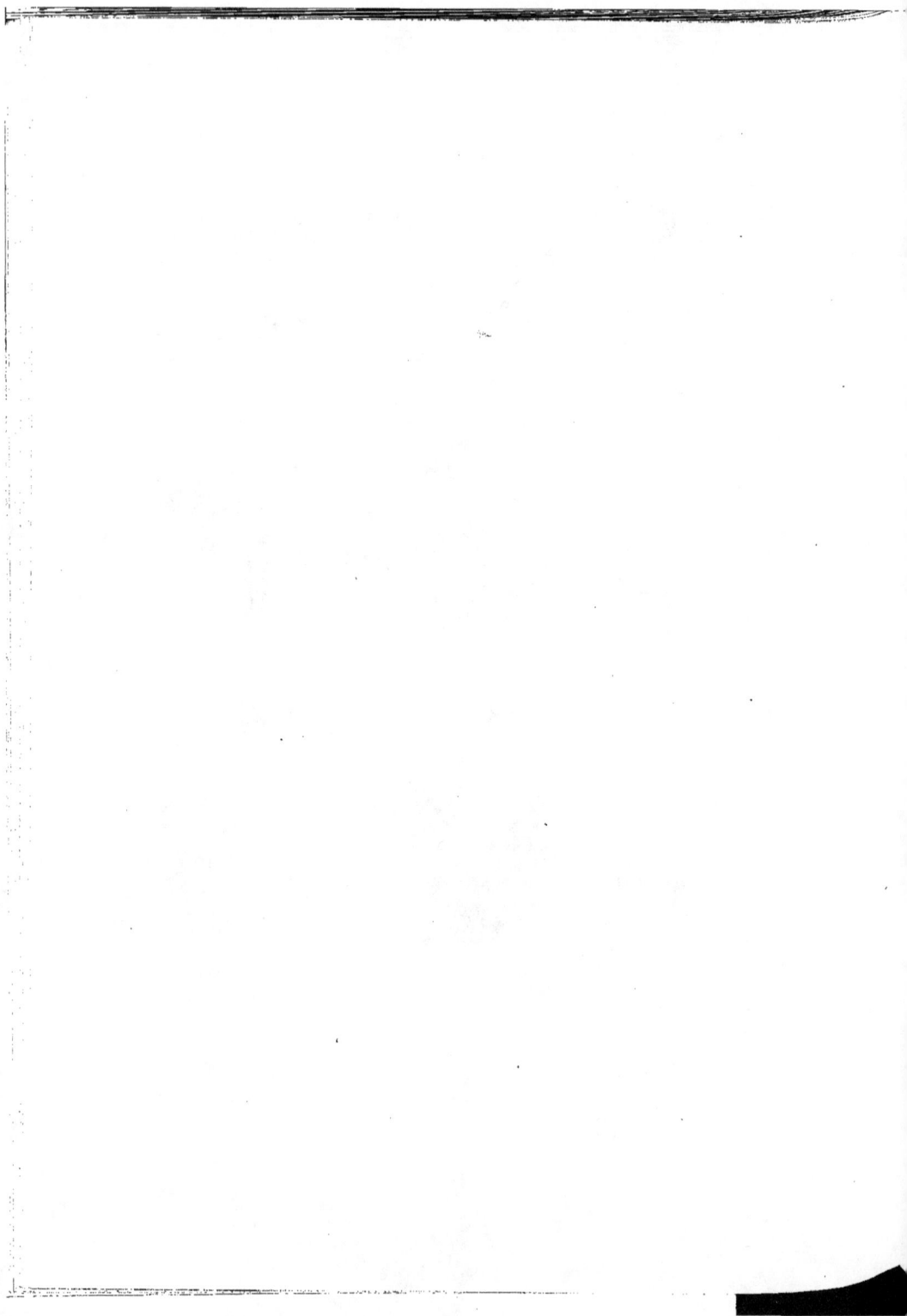

PLANCHE LIV

PLANCHE LIV.

EXPLICATION DES FIGURES.

CULM SUPÉRIEUR.

Fig. 1. — **Asterotheca arborescens**. Parties moyennes de pennes. Chalonnes (Maine-et-Loire). Musée paléontologique d'Angers.

Fig. 2. — **Asterotheca arborescens**. Penne grossie trois fois. Échantillon recueilli par M. l'abbé Hy entre Chalonnes et Ardenay, près de l'église Sainte-Barbe (Maine-et-Loire).

Fig. 2 A. — Autre portion du même échantillon. Grossi trois fois. Figure renversée par erreur.

Fig. 3. — **Lepidophloios laricinus** STERNBERG. Empreinte d'une grosse tige défeuillée. Les coussinets sont en creux et leur disposition relative est difficile à comprendre.

Fig. 3 A. — Moulage en cire de l'échantillon précédent. La disposition relative des coussinets est devenue évidente. Ils ont fléchi, de haut en bas sur leur partie postérieure rétrécie, de sorte que leur cicatrice foliaire qui était en haut du coussinet est maintenant en bas, et que les coussinets aplatis qui se recouvraient de bas en haut se recouvrent maintenant de haut en bas, comme les tuiles d'un toit.

Pl. LIV.

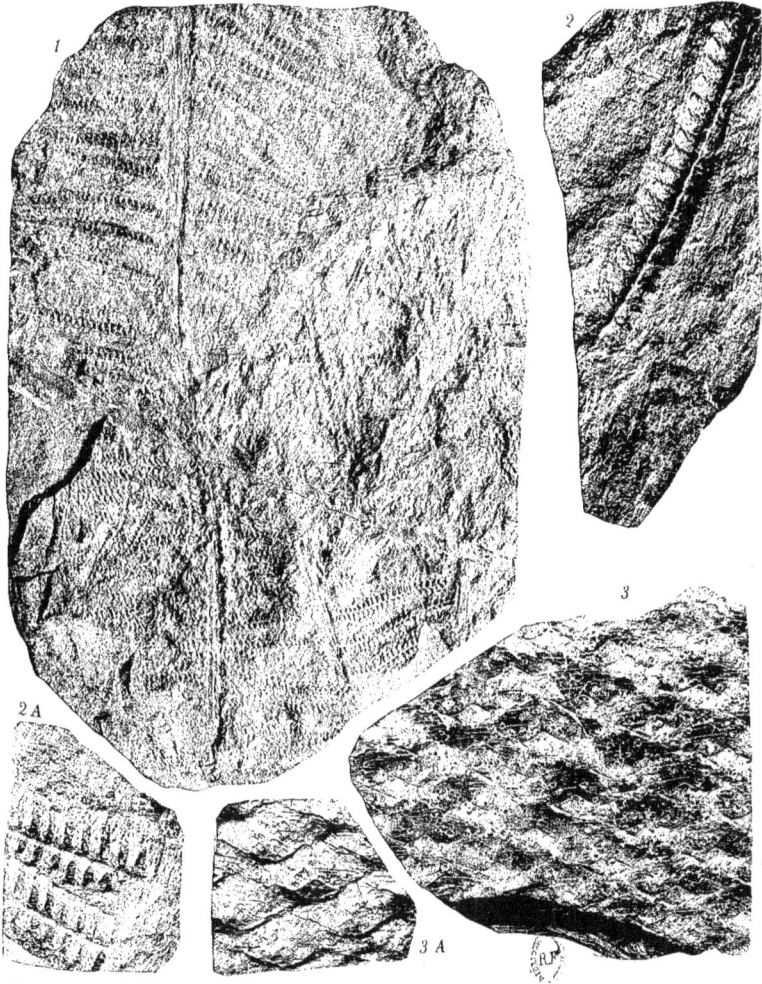

Clichés et Phototypie Sohier et Cie. à Champigny-sur-Marne

PLANCHE LV

PLANCHE LV.

Pl. LV.

1 A

3

2 A

1

2

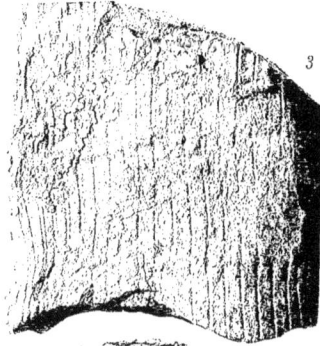

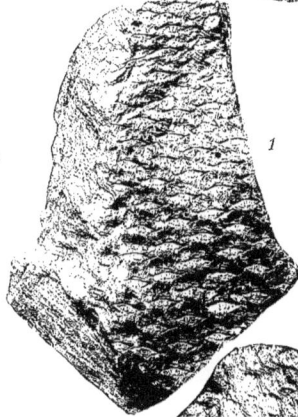

Clichés et Phototypie Sohier et C⁰, à Champigny-sur-Marne

PLANCHE LVI

PLANCHE LVI.

EXPLICATION DES FIGURES.

CULM SUPÉRIEUR.

Fɪɢ. 1. — **Lepidophloios crassicaulis** Sᴄʜɪᴍᴘ. Contre-empreinte ou relief, montrant les coussinets plus longs que larges, imbriqués de haut en bas. A droite, dans le bas de l'échantillon, un coussinet isolé montre deux petits lobes attachés latéralement au coussinet. La Tardivière, commune de Mouzeil (Loire-Inférieure).

Fɪɢ. 2. — Moulage en creux de l'échantillon précédent.

Fɪɢ. 3. — Portion de tige avec des feuilles attachées sur des coussinets. Même provenance.

Fɪɢ. 4. — Empreinte de quelques coussinets, en creux. Même provenance.

Fɪɢ. 4 A. — Les mêmes coussinets moulés en relief.

Pl. LVI.

PLANCHE LVII

IMPRIMERIE NATIONALE.

PLANCHE LVII.

CULM SUPÉRIEUR.

FIG. 1. — **Lepidodendron Volkmannianum** STERNBERG. Empreinte en creux de la couche superficielle. Mouzeil, Viquesnel. Cat. Mus., n° 4044.

FIG. 1 A. — Moulage du même échantillon donnant les cicatrices foliaires en relief.

FIG. 2. — **Lepidodendron Volkmannianum** STERNBERG. Tige de moyenne taille. Cicatrices foliaires soulevées par un arc saillant.

FIG. 2 A. — Partie de la même tige grossie deux fois.

FIG. 3. — **Lepidodendron Volkmannianum** STERNBERG. Arcs saillants, peu arqués et rappelant ceux des *Ancistrophyllum* de Gœppert. Cicatrices foliaires peu visibles; mais émettant des coulées résineuses ou gommeuses par leurs lacunes latérales. Puits neuf, la Tardivière, commune de Mouzeil (Loire-Inférieure).

FIG. 3 A. — Partie de la même tige grossie deux fois.

Pl. LVII.

PLANCHE LVIII

PLANCHE LVIII.

EXPLICATION DES FIGURES.

CULM SUPÉRIEUR.

Fig. 1. — **Lepidodendron Volkmannianum** Sternberg. Forme de passage du *Lepidodendron Volkmannianum* au genre *Syringodendron*. La Tardivière (Loire-Inférieure). Viquesnel. Cat. Mus. n° 4044.

Fig. 2. — Tige divisée par des fissures qui semblent dessiner des côtes. La Tardivière, commune de Mouzeil (Loire-Inférieure). Cat. Mus., n° 7413.

Fig. 2 A. — Partie de la tige précédente, un peu grossie.

Fig. 3. — **Lepidodendron Volkmannianum** Sternberg. Tige de moyenne taille, avec saillies en forme de croissants, et deux amas elliptiques de substance résineuse ou gommeuse en avant de cette saillie. Cicatrices foliaires effacées. La Tardivière, commune de Mouzeil (Loire-Inférieure). Cat. Mus., n° 412.

Fig. 4. — **Lepidodendron Volkmannianum** Sternberg. Les arcs saillants plus effacés, et les amas elliptiques de substance résineuse ou gommeuse plus apparents. La Tardivière, n° 7414.

Fig. 4 A. — **Lepidodendron Volkmannianum** Sternberg. Verso de l'échantillon précédent. Croissants saillants tout à fait effacés. Dépôts gommeux plus grands et souvent groupés en quatre masses : deux fournies par les lacunes de la cicatrice foliaire, deux situées en avant de la protubérance en croissant. C'est tout à fait un *Syringodendron*.

Pl. LVIII.

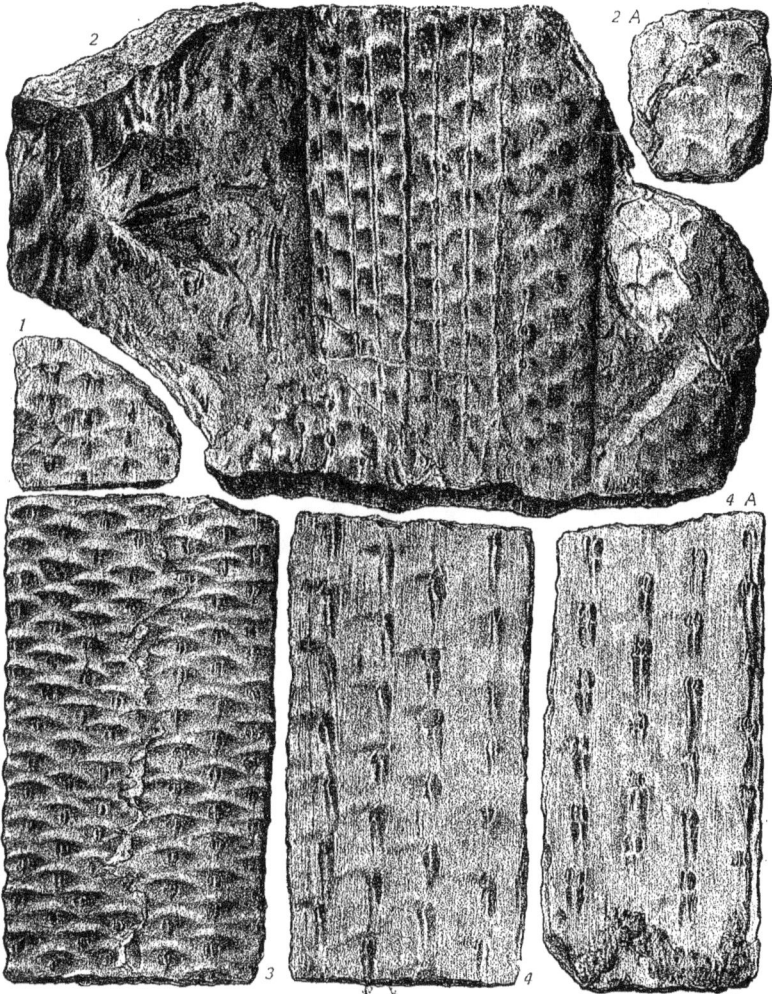

PLANCHE LIX

3_2
IMPRIMERIE NATIONALE.

PLANCHE LIX.

EXPLICATION DES FIGURES.

CULM SUPÉRIEUR.

Fig. 1. — **Bothrodendron kiltorkense** KIDSTON. Vieille tige décortiquée, crevassée. Surface ligneuse couverte d'une multitude de petites côtes longitudinales, un peu sinueuses, qui convergent vers les cicatrices foliaires. Celles-ci allongues, marquées de trois cicatricules. Veine du puits du Chêne, la Haie longue (Maine-et-Loire). Ad. Brongniart, 1845. Cat. Mus., n° 4667.

Fig. 1 A. — Fragment de l'échantillon précédent grossi deux fois.

Fig. 2. — Surface corticale, couverte de petites lignes très droites, parsemée de cicatrices foliaires presque ponctiformes. Dans les endroits où l'écorce est tombée, on voit la surface ligneuse telle qu'elle est sur l'échantillon fig. 1. Cat. Mus., n° 4667. Même provenance.

Fig. 3. — **Lepidodendron Volkmannianum** STERNBERG. On y voit des séries de protubérances géminées; ce sont les lacunes qui accompagnaient le faisceau vasculaire, et qui ont grossi après la chute des feuilles. La Tardivière, commune de Mouzeil (Loire-Inférieure). Ed. BUREAU.

Fig. 4. — **Lepidodendron Volkmannianum** STERNBERG. Échantillon montrant à droite la surface ligneuse, et à gauche la surface corticale. Puits Préjean, la Tardivière, commune de Mouzeil (Loire-Inférieure).

Fig. 4 A. — Partie de la couche superficielle grossie deux fois. Cicatrices foliaires losangiques. Sous chacune une série de lignes transversales, d'autant plus longues qu'elles sont plus bas. Même provenance.

Pl. LIX.

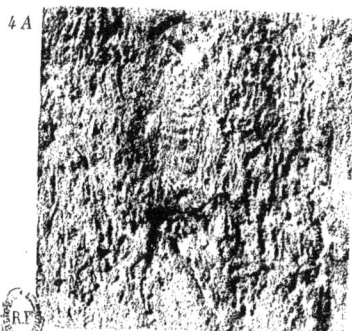

Clichés et Phototypie Sohier et Cⁱᵉ, à Champigny-sur-Marne

PLANCHE LX

PLANCHE LX.

Pl. LX.

PLANCHE LXI

PLANCHE LXI.

EXPLICATION DES FIGURES.

CULM SUPÉRIEUR.

Stigmaria ficoides Ad. Brongniart.

Fig. 1. — ζ. *inæqualis* Gœpp. La Tardivière, commune de Mouzeil (Loire-Inférieure) Bur.

Fig. 2. — θ. *elliptica* Gœpp. (94) 8. Ancien puits de la Transonnière, commune de Mésanger (Loire-Inférieure).

Fig. 3. — θ. *elliptica* Gœpp. Puits Préjean. La Tardivière, commune de Mouzeil (Loire-Inférieure).

Fig. 4. — μ. *rugosa*. S. *ficoides rugosa* Heer. La Richerais, commune de Mouzeil (Loire-Inférieure). Cat. Mus., n° 7410.

Fig. 4 A. — Partie de l'échantillon précédent grossie deux fois.

Pl. LXI.

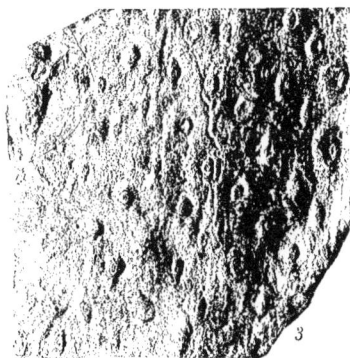

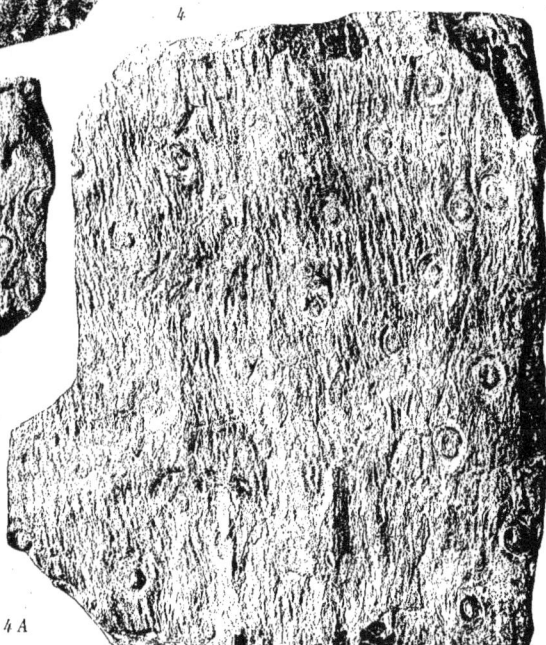

PLANCHE LXII

PLANCHE LXII.

EXPLICATION DES FIGURES.

CULM SUPÉRIEUR.

Fig. 1. — **Stigmaria ficoides** Ad. Brongniart, γ *reticulata* Gœpp. Variété caractérisée par des stries rayonnantes autour des cicatrices radiculaires. La Tardivière, commune de Mouzeil (Loire-Inférieure).

Fig. 1 A. — Une cicatrice avec ses stries rayonnantes, grossie deux fois.

Fig. 2. — **Stigmariopsis æqualis** n. sp. Les *Stigmariopsis*, courts, plongeants et de forme obconique, d'après les études de MM. Grand'Eury et Renault, doivent être distingués des véritables *Stigmaria*. Dans les carbonifères moyen et supérieur, où les *Sigillaria* sont en abondance, les *Stigmaria* et *Stigmariopsis* leur sont naturellement rapportés; mais dans le carbonifère inférieur, où les *Sigillaria* sont à peu près inconnus et les Lépido-dendrées très communes, c'est à ces dernières plantes qu'appartiennent sûrement les racines et rhizômes que nous venons de mentionner. La Tardivière, commune de Mouzeil (Loire-Inférieure).

1 A

Pl. LXII.

1

2

Clichés et Phototypie Sohier et Ce, à Champiguy-sur-Marne

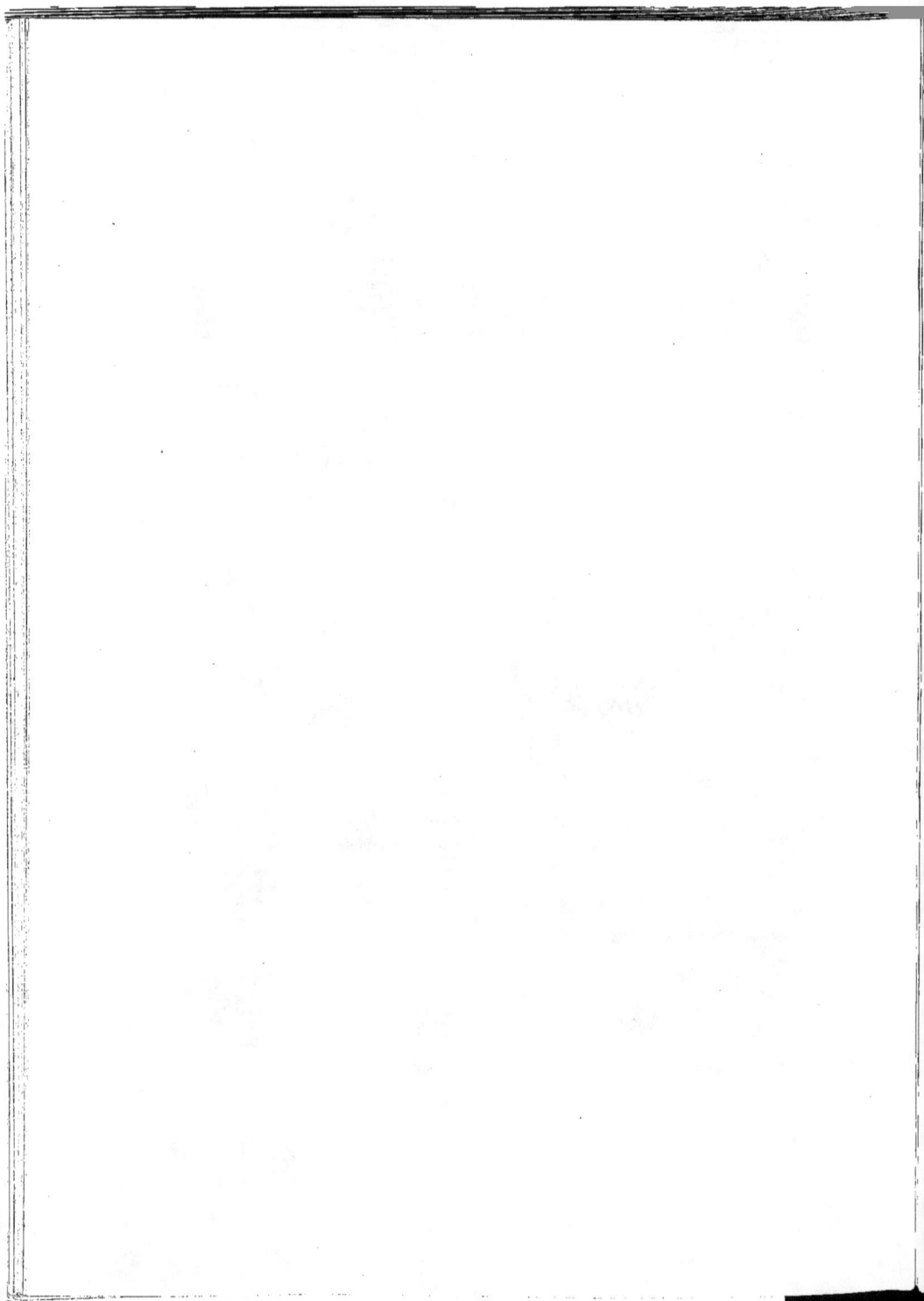

PLANCHE LXIII

PLANCHE LXIII.

―――――

EXPLICATION DES FIGURES.

―――――

CULM SUPÉRIEUR.

FIG. 1. — **Annularia ramosa** WEISS. Grosse tige. On en voit deux nœuds. Un seul rameau à chaque nœud. Mines de la Prée, commune de Chalonnes (Maine-et-Loire).

FIG. 1 A. — Une articulation de la tige 1. Protubérances elliptiques au sommet des côtes. Grossiss.

FIG. 2. — **Annularia ramosa** WEISS. Cicatrice d'un rameau. Mines de la Prée, n° 4. Chalonnes (Maine-et-Loire).

FIG. 3. — **Annularia ramosa** WEISS. Articulation avec cicatrice d'un rameau. Puits Saint-Georges, la Tardivière, commune de Mouzeil (Loire-Inférieure).

FIG. 4. — **Calamites Succowii** STUR. Protubérance arrondie au sommet de chaque côte. La Tardivière, commune de Mouzeil (Loire-Inférieure).

FIG. 4 A. — Partie d'une articulation de l'échantillon précédent, grossie. La Tardivière, commune de Mouzeil.

Pl. LXIII.

1 A

4 A

3

2

1

4

Clichés et Phototypie Sohier et Cⁱᵉ, à Champigny-sur-Marne

PLANCHE LXIV

PLANCHE LXIV.

EXPLICATION DES FIGURES.

CULM SUPÉRIEUR.

Fig. 1. — **Calamites Succowii** Stur, *C. Suckowii* Ad. Brongniart. Côtes aplaties, portant au sommet une protubérance arrondie. La Tardivière, commune de Mouzeil (Loire-Inférieure).

Fig. 2. — **Calamites Succowii** Stur. Base d'une tige.

Fig. 3. — **Calamites Succowii** var. *sinuosus* Ed. Bur. Côtes sinueuses de dehors en dedans, et non pas latéralement, comme dans la var. *undulatus.* On dirait qu'une pression de haut en bas s'est fait sentir sur la base de l'échantillon. La partie supérieure, non représentée ici faute de place, n'a pas de sinuosités. La Haie-Longue, au S. O. d'Angers (Maine-et-Loire). Audouin, 1831, Cat. Mus., n°ˢ 116 et 200 recollés.

Fig. 4. — **Calamites dubius** Artis. Une petite côte au fond de chaque sillon. Puits neuf. La Tardivière, commune de Mouzeil (Loire-Inférieure).

Fig. 5. — **Calamites Cistii** Ad. Brongniart. Côtes fines, subcarénées. Collection Dubuisson, n° 59. MO. 3ᵉ.

Fig. 6. — **Calamites Cistii** Ad. Brongniart. Tige plus étroite. Mamelons elliptiques au sommet des côtes. Montrelais, 56, M. O. 3ᵉ. Collection Dubuisson.

Pl. LXIV.

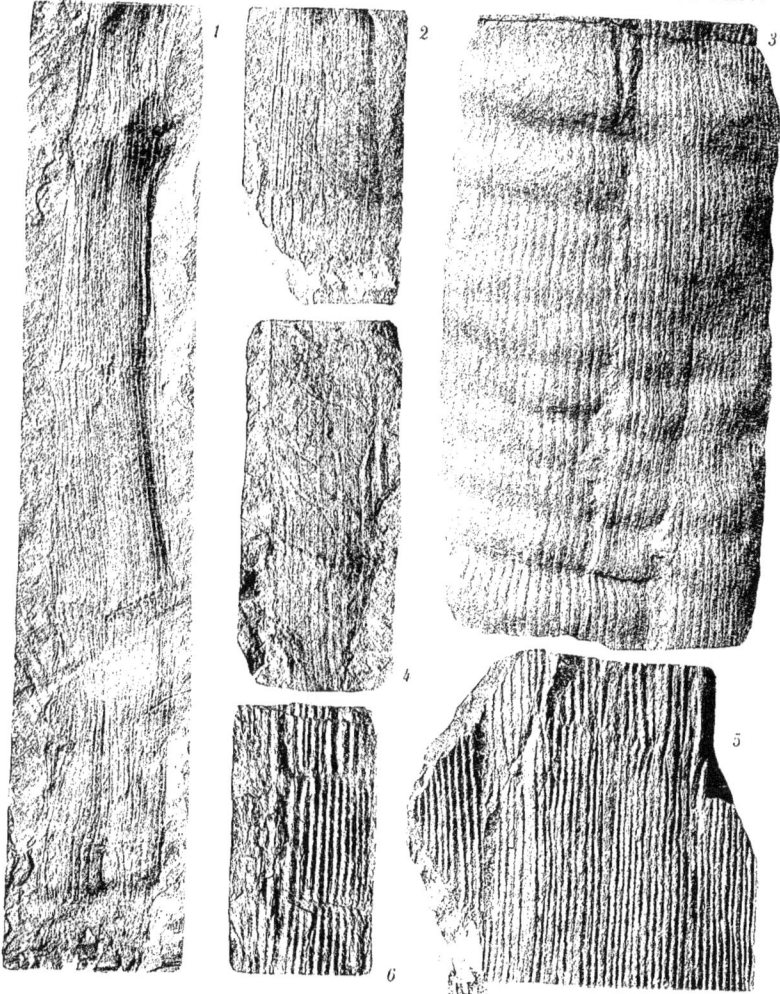

Clichés et Phototypie Sohier et Cⁱᵉ, à Champigny-sur-Marne

PLANCHE LXV

PLANCHE LXV.

EXPLICATION DES FIGURES.

CULM SUPÉRIEUR.

FIG. 1. — **Bornia transitionis** F. A. ROEMER. Grosse tige montrant au centre la moelle cannelée et, à la périphérie, les parties ligneuse et corticale. Pas de nœuds visibles. Puits Préjean, la Tardivière, commune de Mouzeil (Loire-Inférieure).

FIG. 2. — **Bornia transitionis** F. A. ROEMER. Fragment d'une grosse tige. Partie centrale avec plusieurs nœuds et partie périphérique épaisse. Mine de Languin (Loire-Inférieure).

FIG. 3. — **Calamites approximatiformis** STUR. Entre-nœuds égaux, cicatrices raméales petites. Montrelais, collection Dubuisson, n° 49. M. O. 3ᵉ, Muséum d'histoire naturelle de Nantes.

FIG. 4. — **Lepidophyllum majus** AD. BRONGNIART. Grande bractée, à bords parallèles. Puits Saint-Georges, la Tardivière, commune de Mouzeil (Loire-Inférieure).

FIG. 5. — **Lepidophyllum lanceolatum** LINDLEY et HUTTON. Bractée à forme lancéolée. Mine de Saint-Georges-Chatelaison, puits du Bel-Air, veine du puits solitaire. Ad. Brongniart, 1845, Cat. Mus. Paris, n° 4626.

FIG. 6. — *Lepidophyllum*, ou plutôt feuille de **Lepidodendron lycopodioides**. La Tardivière, commune de Mouzeil (Loire-Inférieure).

FIG. 7. — **Lepidophyllum triangulare** ZEILLER. Puits neuf, la Tardivière, commune de Mouzeil (Loire-Inférieure).

FIG. 8. — Sporange de **Lepidophloios laricinus** STERNBERG. Ce sporange est couché sur la partie horizontale de la bractée fructifère (*Lepidophyllum majus* ou *lanceolatum*). Il s'ouvre au sommet par trois ou quatre lobes triangulaires.

Pl. LXV.

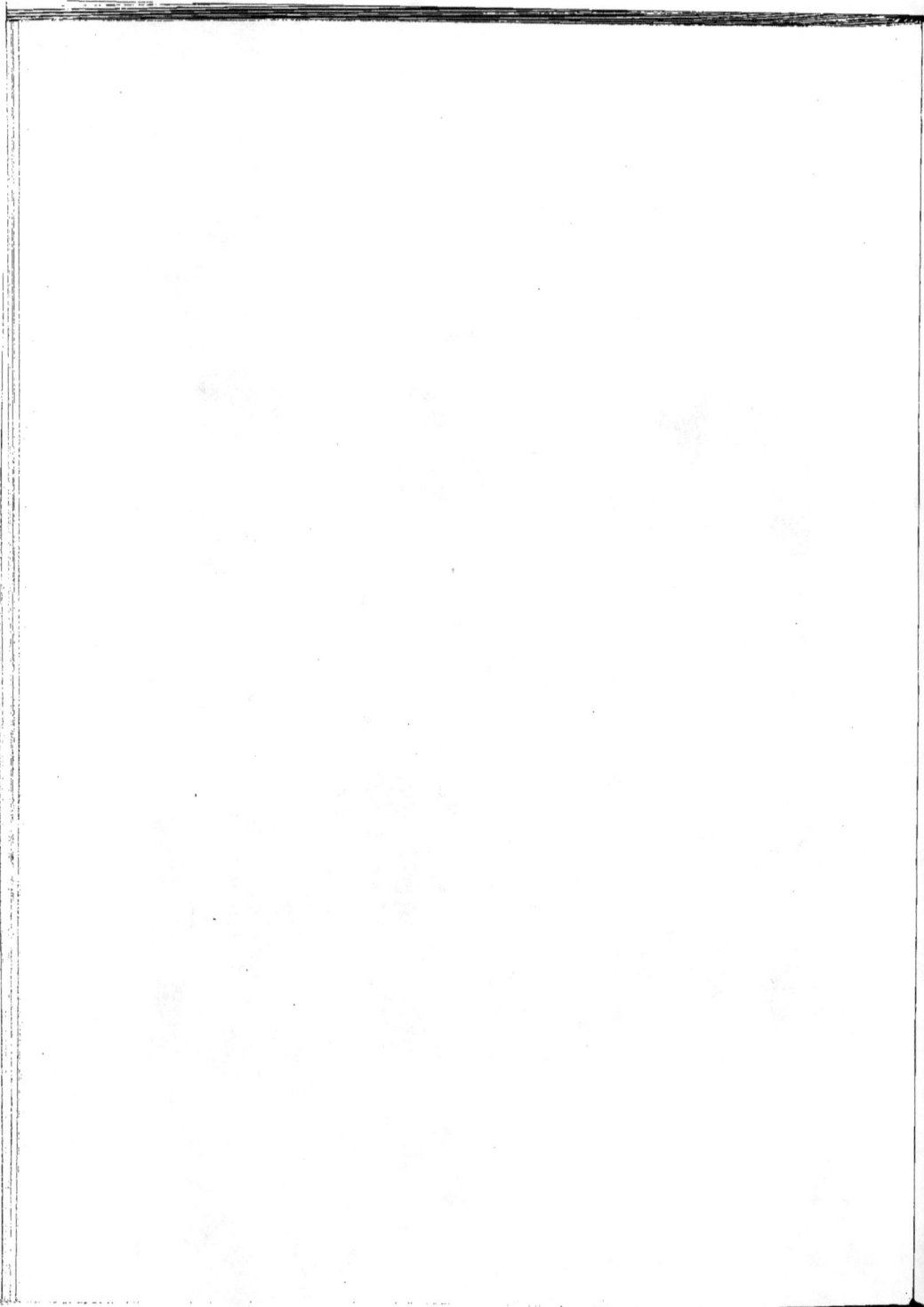

PLANCHE LXVI

PLANCHE LXVI.

—

EXPLICATION DES FIGURES.

—

CULM SUPÉRIEUR.

Fig. 1. — **Bornia pachystachya** n. sp. Tige. Chalonnes, puits n° 1. Cat. Mus, n° 4048, devrait être marqué n° 4040. Trigé, 1844.

Fig. 2. — **Bornia pachystachya** n. sp. Forte tige avec feuilles dichotomes. Même provenance.

Fig. 3. — **Bornia pachystachya** n. sp. Tige un peu moins forte, bien garnie de feuilles dichotomes. Même provenance.

Fig. 4. — Épi de **Bornia pachystachya** n. sp. Pierre carrée, carrière de M. Poulain, Montjean (Maine-et-Loire). M. Davy.

Fig. 5. — Épi de la même espèce, beaucoup plus court. Même provenance.

Pl. LXVI.

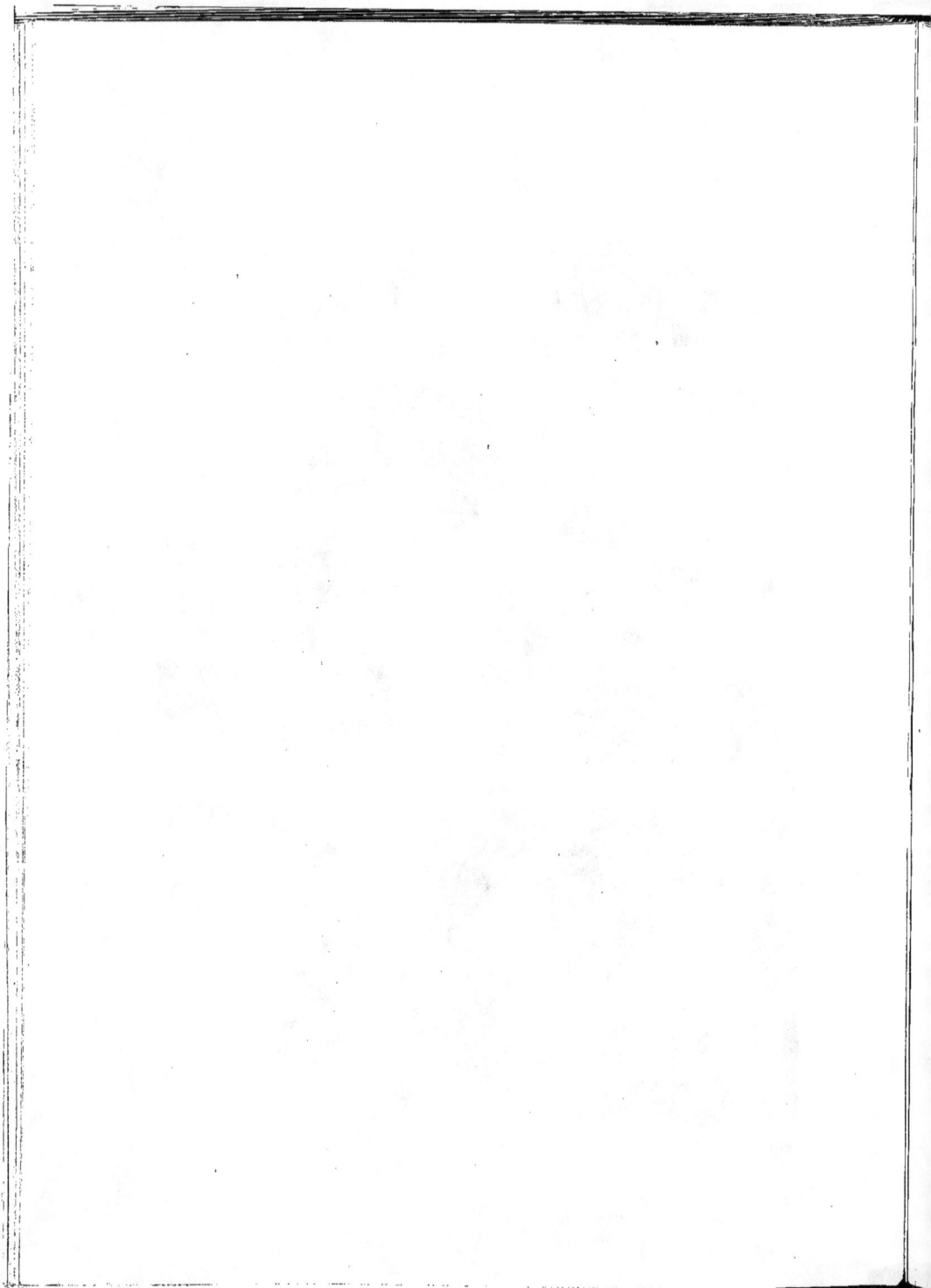

PLANCHE LXVII

IMPRIMERIE NATIONALE.

PLANCHE LXVII.

EXPLICATION DES FIGURES.

CULM SUPÉRIEUR.

FIG. 1. — **Bornia pachystachya** n. sp. Rameau assez grêle, feuillé. Puits Saint-Georges, la Tardivière, commune de Mouzeil (Loire-Inférieure).

FIG. 2. — **Bornia pachystachya** n. sp. Deux cônes, grandeur naturelle. Sur le même échantillon que les rameaux 1 et 3.

FIG. 3. — **Bornia pachystachya** n. sp. Rameau à nœuds rapprochés. Sur le même échantillon que le rameau 1.

FIG. 4. — **Bornia pachystachya** n. sp. Extrémité d'un rameau grêle. Puits Saint-Georges, la Tardivière, commune de Mouzeil (Loire-Inférieure).

FIG. 5. — **Bornia pachystachya** n. sp. Cône dans la pierre carrée, Montjean, M. Davy. Contre-empreinte de pl. LXVI, fig. 4.

FIG. 5 A. — **Bornia pachystachya** n. sp. — Pierre carrée, Montjean, M. Davy. C'est le cône LXVI, fig. 5, grossi deux fois.

Pl. LXVII.

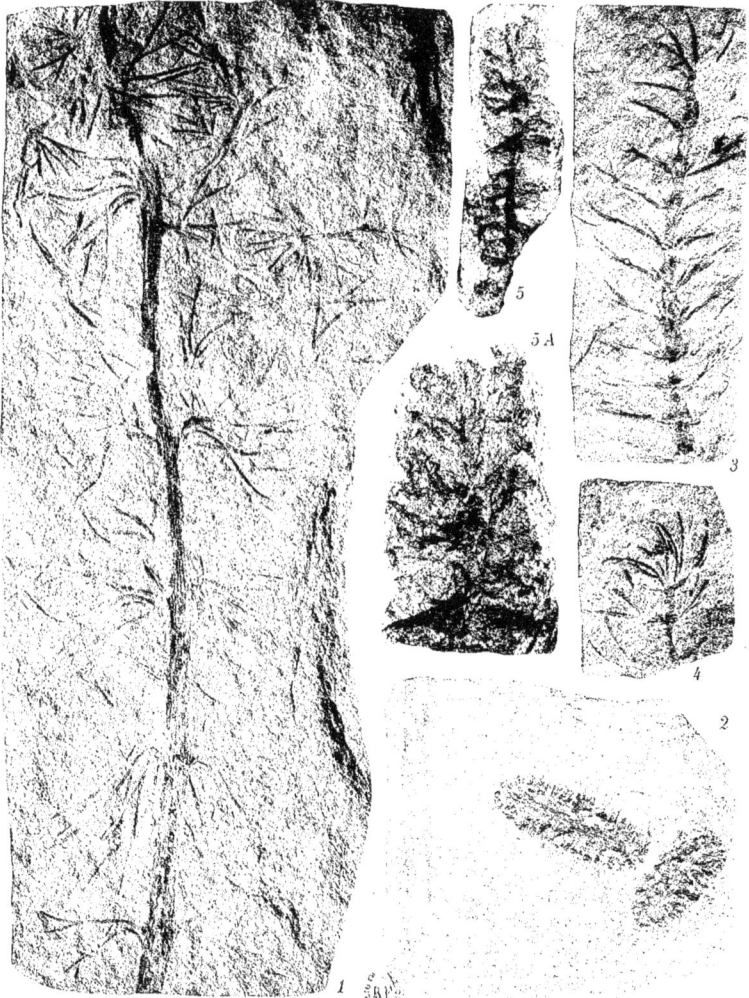

PLANCHE LXVIII

PLANCHE LXVIII.

EXPLICATION DES FIGURES.

CULM SUPÉRIEUR.

Fɪɢ. 1. — **Calamostachys occidentalis** n. sp. Rameaux fructifères. Leur direction, presque parallèle, semble indiquer qu'ils partent d'une même tige. L'inflorescence était volumineuse et formait une sorte de pannicule. Cette espèce diffère de l'*Archæopteris pedunculata* Weiss par les feuilles plus longues, les épis non pédonculés, les sporanges insérés sur le milieu de l'espace entre deux verticilles stériles. Cependant ce dernier caractère demanderait à être vérifié. Montjean, pierre carrée.

Fɪɢ. 1 A. — Fragment d'épi, grossi quatre fois. Même échantillon.

Fɪɢ. 2, 3, 4. — **Calamostachys paniculata** Weiss. Trois fragments de rameaux fructifères. Les deux du haut faisaient partie d'un même échantillon. Saint-Georges-sur-Loire.

Fɪɢ. 5, 6, 7. — **Annularia ramosa** Weiss. **Calamites ramosus** Ad. Brongn. Mouzeil. Fragments fructifiés.

Fɪɢ. 7 A. — Coupe longitudinale d'un fragment d'épi, grossi quatre fois.

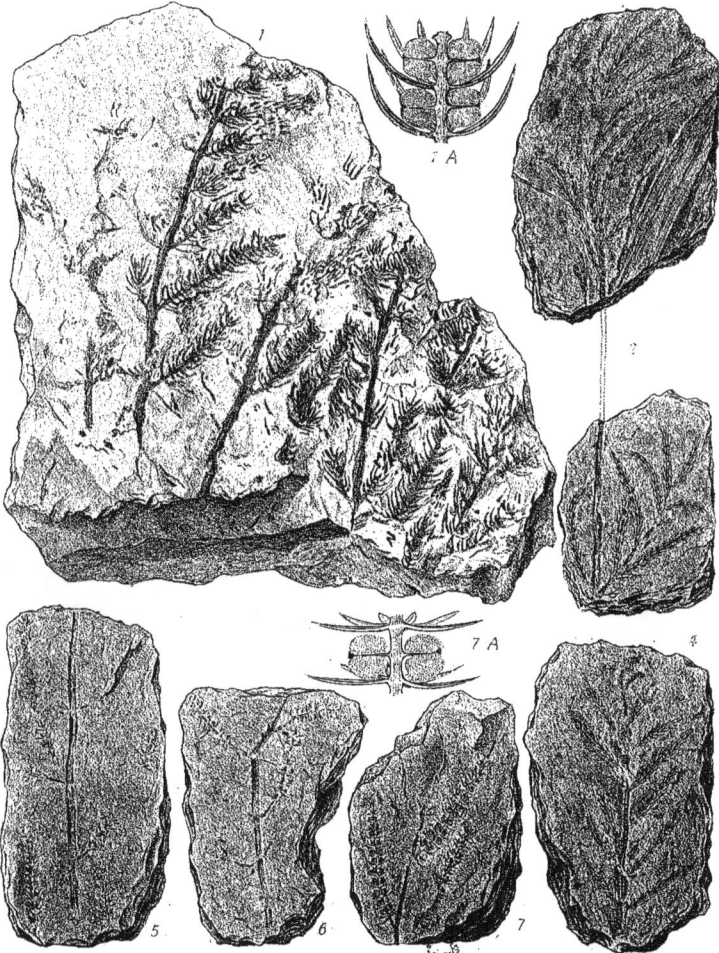

Pl. LXVIII.

Clichés et Phototypie Sohier et Cⁱᵉ, à Champigny-sur-Marne.

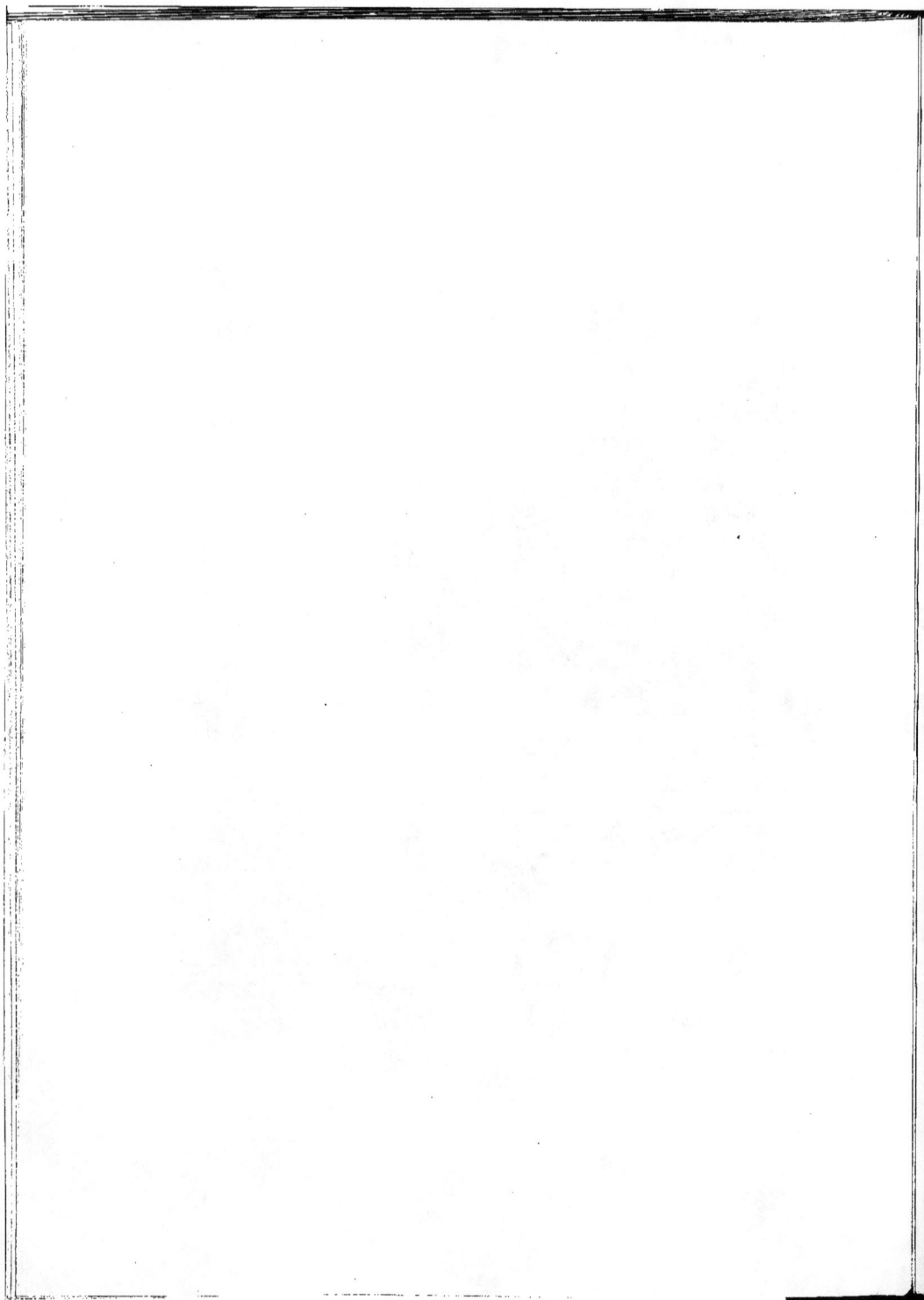

PLANCHE LXIX

PLANCHE LXIX.

EXPLICATION DES FIGURES.

CULM SUPÉRIEUR.

Fig. 1. — **Pinnularia columnaris** Zeiller. Mines de la Prée, puits n° 5, commune de Chalonnes (Maine-et-Loire). Les *Pinnularia* sont regardées comme des racines de calamariées.

Fig. 2-4. — **Pinnularia laxa** n. sp. Puits Préjean, à la Tardivière, commune de Mouzeil (Loire-Inférieure). Diffère de l'espèce précédente par les radicelles plus écartées et plus longues.

Pl. LXIX.

PLANCHE LXX

PLANCHE LXX.

EXPLICATION DES FIGURES.

Tous les fossiles de cette planche sont de la pierre carrée de Montjean (Maine-et-Loire).

Fig. 1. — **Sphenophyllum Davyi**. Jeune rameau feuillé. M. Davy.

Fig. 2. — Verticille de feuilles d'un jeune rameau, vu par en dessous. L. Bureau.

Fig. 2 A. — Même échantillon, grossi deux fois et demie.

Fig. 3. — Fragment d'un verticille de très grandes feuilles, moulage de la face inférieure. M. Davy.

Fig. 3 A. — Fragment d'un autre verticille qui se trouve au revers du même échantillon. Moulage de la face supérieure. M. Davy.

Fig. 4. — Moulage de la face inférieure d'une feuille, montrant nettement les nervures. Elle se trouve sur le côté de l'échantillon ci-dessus. M. Davy.

Fig. 4 A. — Moulage de la face supérieure de la même feuille.

Pl. LXX.

Phototypes et Photocollogrammes Sohier & C"

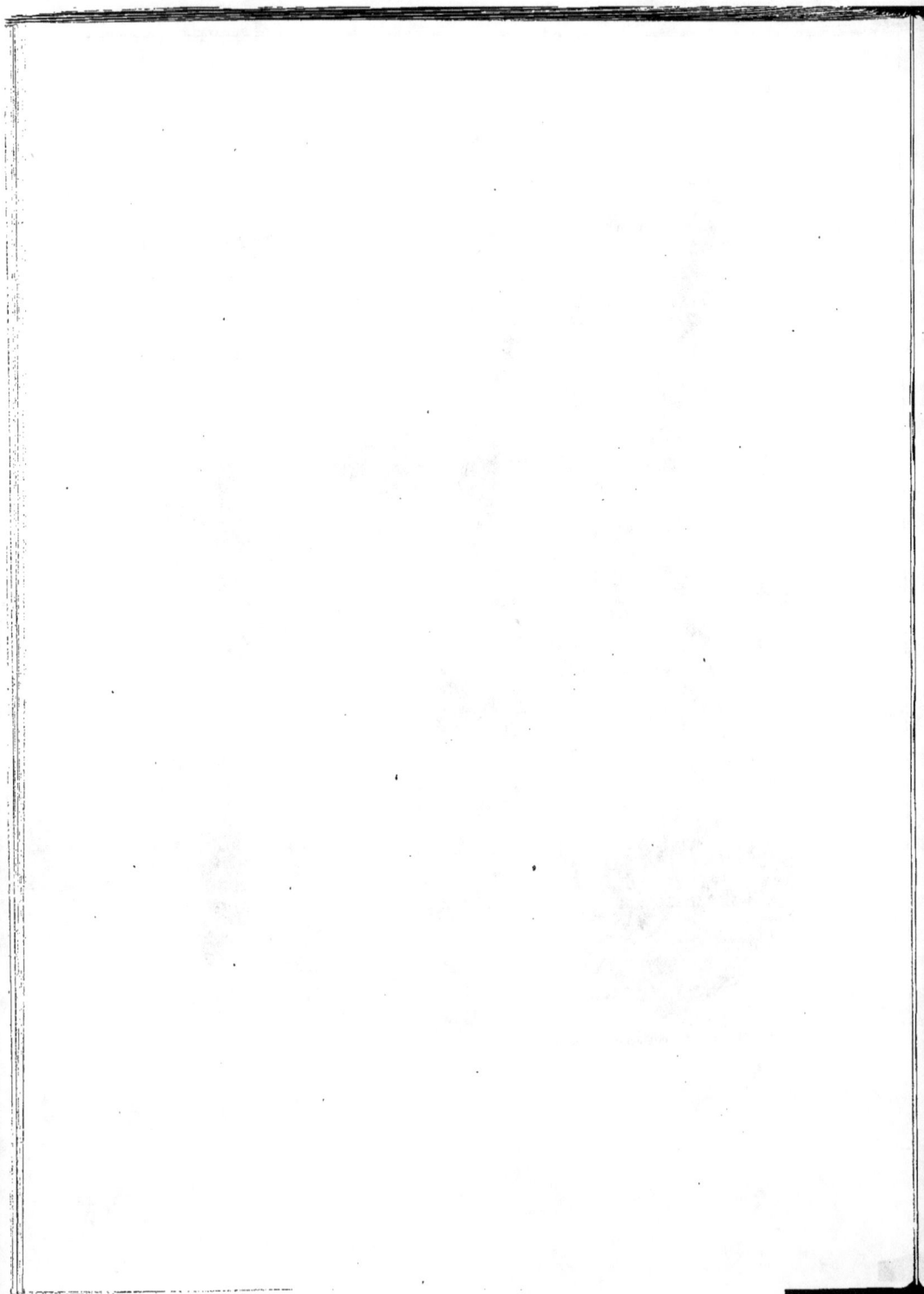

PLANCHE LXXI

PLANCHE LXXI.

EXPLICATION DES FIGURES.

CULM SUPÉRIEUR.

FIG. 1. — **Cordaites borassifolius** UNGER. Feuilles rubanées, obtuses. Saint-Georges-sur-Loire (Maine-et-Loire). Puits du Port-Girault, Ad. Brongniart, 1845.

FIG. 1 A. — Fragment grossi de la feuille ci-dessus. Une seule nervure dans l'intervalle des grosses.

FIG. 2, 3. — **Cordaites principalis** GERMAR. — Feuilles rubanées, déchiquetées au sommet.

FIG. 3 A. — Fragment grossi de la même feuille. Plusieurs nervures fines, ordinairement, dans l'intervalle des grosses.

Pl. LXXI.

1

2

3

3 A

1 A

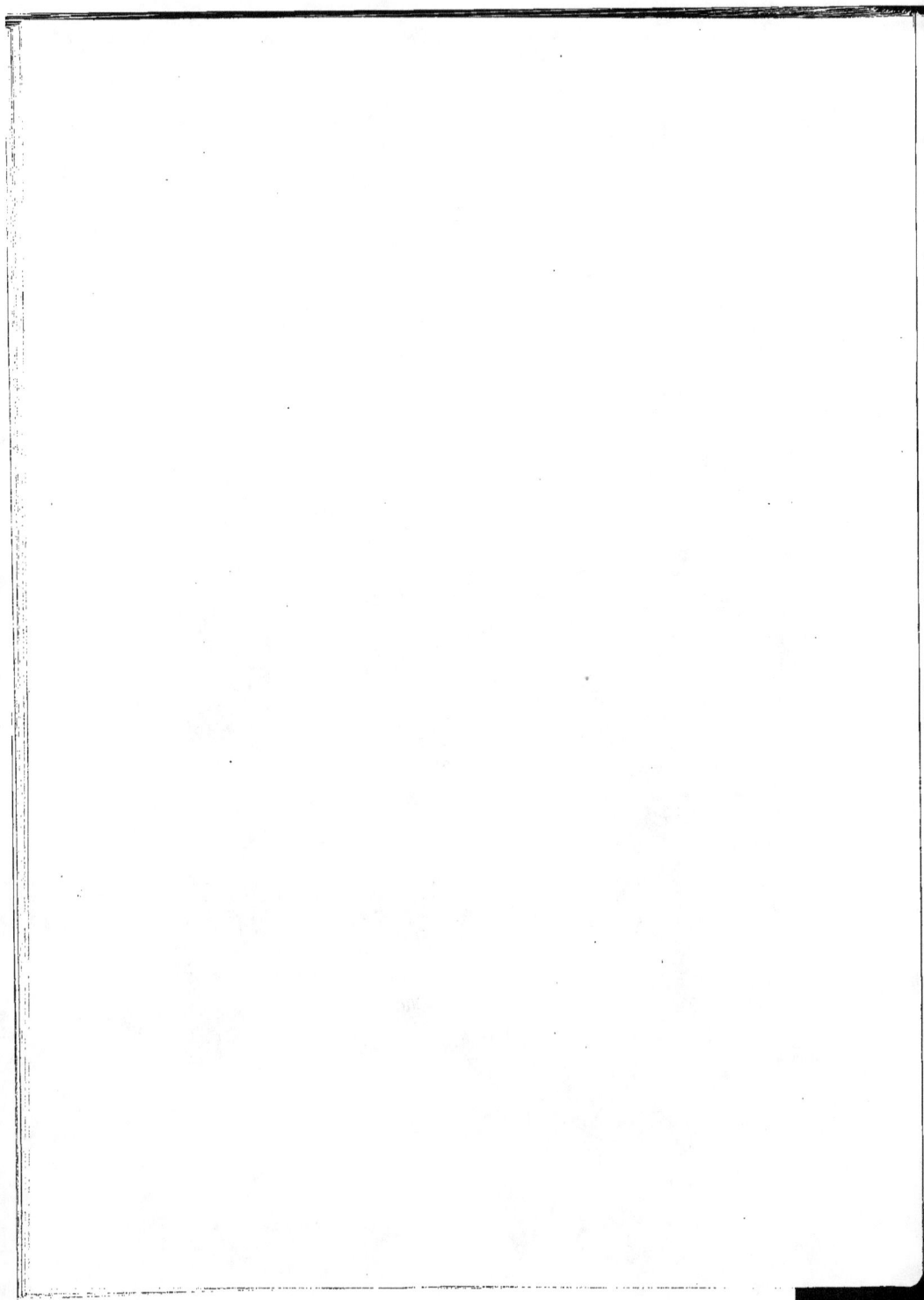

PLANCHE LXXII

PLANCHE LXXII.

———

EXPLICATION DES FIGURES.

———

CULM SUPÉRIEUR.

Fɪɢ. 1. — **Aulacopteris vulgaris** Gʀᴀɴᴅ'Eᴜʀʏ. — Pétiole de très grande taille, largement inséré sur la tige. Puits Préjean, la Tardivière, commune de Mouzeil (Loire Inférieure).

Fɪɢ. 1 A. — Partie du bas du pétiole, à nervures plus apparentes et plus serrées, grossie trois fois.

Fɪɢ. 1 B. — Partie du haut du pétiole, à nervures moins prononcées, les grosses plus écartées, en renfermant plusieurs petites dans leur intervalle. Même provenance, même grossissement.

Pl. LXXII.

1 A

1

1 B

Clichés et Phototypie Sohier et Cᵗ, à Champigny-sur-Marne

PLANCHE LXXIII

PLANCHE LXXIII.

EXPLICATION DES FIGURES.

CULM SUPÉRIEUR.

FIG. 1. — **Dactylotheca aspera** ZEILLER. Portion de fronde ayant le mode de végétation du genre **Calymmatotheca** : Rachis fourchu à angle aigu ; une paire de pennes au-dessous de la bifurcation. La Tardivière, commune de Mouzeil (Loire-Inférieure). M. Beaulaton.

FIG. 2. — **Calymmatotheca Baeumleri** STUR. Deux pennes grandeur naturelle.

FIG. 2 A. — Fragment de penne grossi deux fois.

FIG. 3 et 4. — Croquis communiqué par M. Grand'Eury : deux graines, l'une pédicellée et entourée d'un involucre formé d'appendices sétacés, l'autre nue. La Tardivière. M. Grand'Eury.

FIG. 5. — Graine ayant sous sa base des traces d'un involucre plus court que celui de la graine n° 3. La Tardivière.

FIG. 6-7. — Grands sporanges de **Lepidophloios laricinus**, ouverts au sommet en plusieurs lobes.

FIG. 8. — Coussinets épars de **Lepidophloios auriculatus**. Ils sont caractérisés par deux grandes oreillettes latérales, qui donnent aux coussinets une forme trilobée. La Tardivière.

FIG. 9. — **Macrostachya caudata**. La Tardivière, puits Saint-Georges.

FIG. 9 A. — *Idem* grossi deux fois.

FIG. 10. — **Sphenophyllum tenerrimum** ETTINGSHAUSEN. Verticille de feuille.

FIG. 11. — Feuille du précédent, isolée.

Pl. LXXIII.

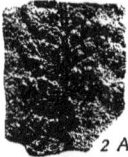

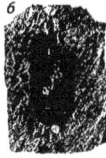

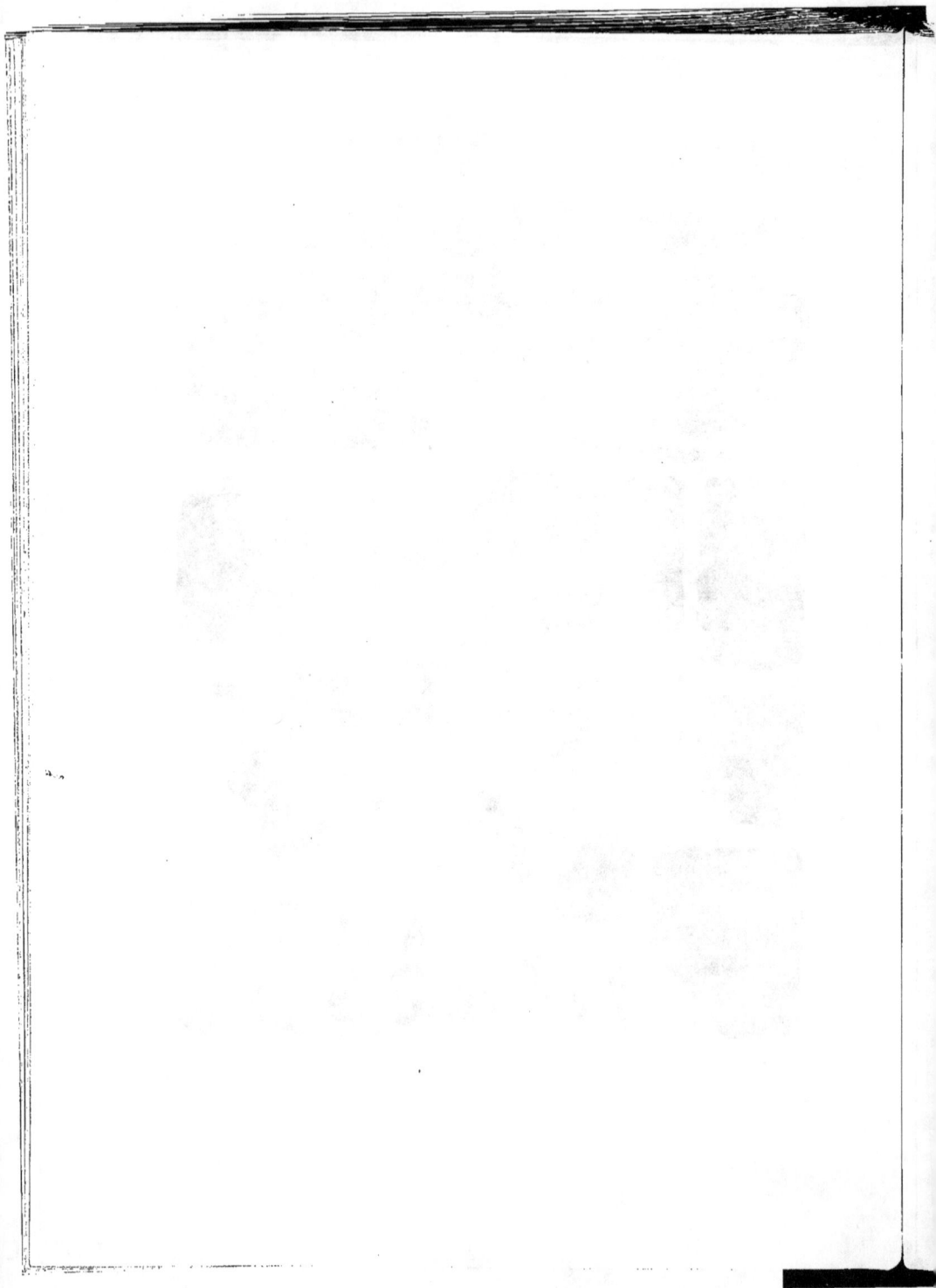

PLANCHE LXXIV

PLANCHE LXXIV.

EXPLICATION DES FIGURES.

CULM SUPÉRIEUR.

Fig. 1. — **Bothrodendron carneggianum** NATHORST. Tige trouvée dans la pierre carrée à Montjean (Maine-et-Loire).

Fig. 2. — **Lepidophyllum intermedium** LINDLEY et HUTTON. Puits Saint-Georges, la Tardivière, commune de Mouzeil (Loire-Inférieure).

Fig. 3. — **Lepidophyllum Veltheimianum** GEINITZ. Puits Préjean, la Tardivière, commune de Mouzeil (Loire-Inférieure).

Fig. 4. — **Lepidophyllum auriculatum** LESQUEREUX. Même localité.

Fig. 5. — **Lepidophloios laricinus** STERNBERG. Sporanges de petite taille. Ils sont néanmoins à l'état de maturité, et parfois ils sont groupés en amas. Les grands sporanges sont le plus souvent isolés. Il est fort possible que les petits aient contenu les microspores que M. Beaulaton a trouvé près des macrospores. Puits neuf, la Tardivière, commune de Mouzeil (Loire-Inférieure).

Fig. 6. — Sporanges de moyenne taille, avant la maturité, lisses, non ridés.

Fig. 7. — Macrospores. Puits Henri. La Tardivière.

Fig. 7 A. — Les mêmes grossis.

Fig. 8. — **Sphenophyllum tenerrimum** ETTINGSHAUSEN. Rameau. Puits du Haut-fourneau, à Montrelais (Loire-Inférieure).

Fig. 9. — **Calamitina varians** WEISS. Fragment de verticille. Les feuilles se tiennent toutes par leur base renflée. Puits Saint-Georges, la Tardivière, commune de Mouzeil (Loire-Inférieure).

Fig. 10. — **Stigmatocanna distans** n. sp. Puits Saint-Georges, la Tardivière (Loire-Inférieure).

Pl. LXXIV.

PLANCHE LXXV

PLANCHE LXXV.

EXPLICATION DES FIGURES.

CULM SUPÉRIEUR.

Fig. 1. — **Lepidophloios laricinus** Sternberg. Sporange encore peu développé.

Fig. 1 A. — Le même grossi deux fois.

Fig. 2. — **Arthropitus calamitoïdes** n. sp. Puits Préjean, la Tardivière, commune de Mouzeil (Loire-Inférieure).

Fig. 3. — **Rhabdocarpus globosus** n. sp. Environ 12 côtes.

Fig. 4. — **Rhabdocarpus angulatus** n. sp. Environ 6 côtes.

Fig. 4 A. — *Idem*, grossi deux fois.

Fig. 5. — **Rhabdocarpus turbinatus** n. sp. Graine à peu près en forme de toupie. Puits Saint-Georges, La Tardivière.

Fig. 5 A. — *Idem*, grossi deux fois.

Fig. 6. — **Rhabdocarpus Rochsckianus** Berger et Gœppert.

Fig. 6 A. — Revers de la même graine.

Fig. 7. — **Carpolithes curvus** n. sp. Canal micropylaire courbé.

Fig. 7 A. — *Idem*, grossi deux fois.

Fig. 8. — **Carpolithes distichus** n. sp. Graines sur deux rangs. Dans la pierre carrée, à Montjean, M. Couffon.

Fig. 9. — **Guilielmites umbonatus** Geinitz. Bulle d'air? de 3 centimètres de diamètre. La Tardivière.

Fig. 10. — *Idem*, de moyenne taille : 15 millimètres de diamètre. Puits neuf. La Tardivière.

Fig. 11. — *Idem*, de petite taille : 1 centimètre de diamètre. Puits neuf, la Tardivière.

Fig. 12. — **Guilielmites** allongé, de même nature que les échantillons précédents, mais de forme différente. Puits Préjean.

Pl. LXXV.

6   6 A   1   8   7 A

1 A   5 A   7

4 A

3   4   5

11

10   9

12   Clichés et Phototypie Sohier et Cⁱᵉ, à Champigny-sur-Marne.

2

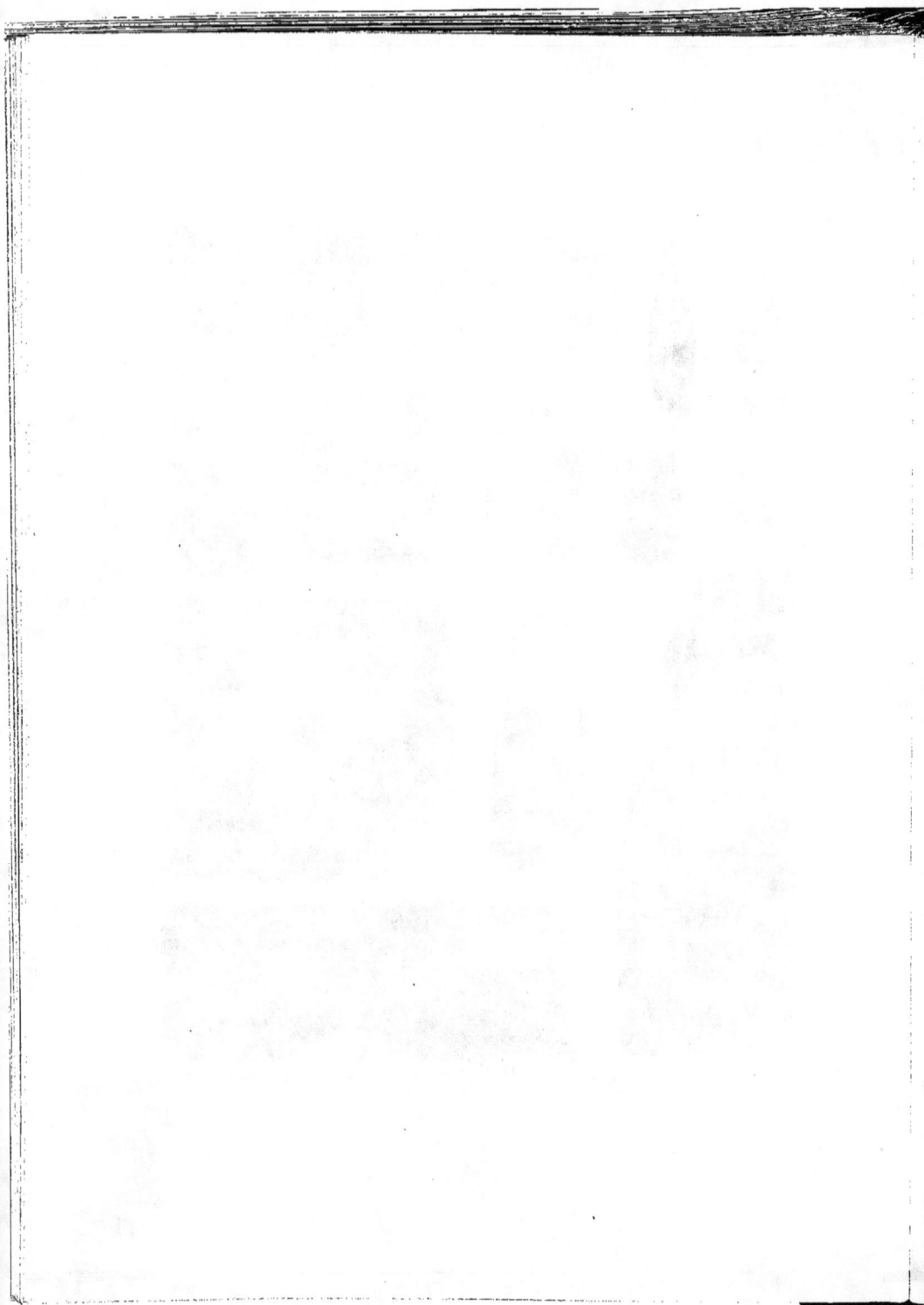

PLANCHE LXXVI

PLANCHE LXXVI.

EXPLICATION DES FIGURES.

CULM SUPÉRIEUR.

Fig. 1. — **Dory-cordaites Beinertianus** Grand'Eury. Saint-Georges-Chatelaison (Maine-et-Loire). Virlet, 1828. Cat. Mus., n° 3375.

Fig. 2. — **Cordaitanthus spicatus** Lesquereux. Faisceau des veines du nord, la Tardivière, commune de Mouzeil (Loire-Inférieure). M. Beaulaton.

HOUILLER MOYEN OU WESTPHALIEN.

NIVEAU INFRA-HOUILLER.

Fig. 3. — **Dactylotheca aspera** Zeiller. 1 kilomètre au Sud de Teillé (Loire-Inférieure).

Fig. 3 A. — *Idem*, grossi deux fois.

Fig. 4. — **Diplotmema elegans.** Rachis strié transversalement. Rochefort-sur-Loire. Triger.

Fig. 5 — **Diplotmema Schlotheimii.** Bord de la route de Chalonnes à Rochefort-sur-Loire. Triger.

Fig. 5 A. — Foliole du même, grossie deux fois.

Fig. 6. — **Sphenopteris stipulata** Gutb. Même localité. Triger.

Fig. 6 A. — Fragment de penne, grossi deux fois.

Fig. 7, 8. — **Sphenopteris Haidingeri** Ettingshausen. Bord de la route de Chalonnes à Rochefort-sur-Loire. Ed. et L. Bur. 1884.

Fig. 9. — **Cordaites Goldenbergianus** Weiss. — Même localité.

Fig. 10. — **Artisia approximata** Unger. Moelle de *Cordaites*. 1 kilomètre au Sud de Teillé (Loire-Inférieure).

Pl. LXXVI.

Clichés et Phototypie Sohier et Cⁱᵉ, à Champigny-sur-Marne.

PLANCHE LXXVII

PLANCHE LXXVII.

EXPLICATION DES FIGURES.

HOUILLER MOYEN OU WESTPHALIEN.

NIVEAU INFRA-HOUILLER.

Fig. 1. — **Dactylotheca dentata** Zeiller var. *delicatula*. Bord de la route départementale n° 15, de Nantes à Candé, à 1 kilomètre au Sud-Ouest de Teillé (Loire-Inférieure). Ed. Bur.

Fig. 2. — **Sphenophyllum teillense**. Tige très rameuse, feuilles en verticilles, dichotomes.

Fig. 2 A, 2 B, 2 C. — Groupes de feuilles. L'échantillon 2 C montre un verticille étalé.

Pl. LXXVII.

2

2 A

2 B

2 C

1

Clichés et Phototypie Sohier et Cⁱᵉ, à Champigny-sur-Marne.

PLANCHE LXXVIII

PLANCHE LXXVIII.

EXPLICATION DES FIGURES.

HOUILLER MOYEN OU WESTPHALIEN.

NIVEAU INFRA-HOUILLER.

Fig. 1-2. — **Diplotmema elegans**. Bord de la route de Nantes à Candé, à 1 kilomètre au Sud de Teillé (Loire-Inférieure).

Fig. 3-4. — **Diplotmema furcatum**. Même provenance.

Fig. 5-7. — **Sphenopteris Sauveuri** Crépin. Bord de la rampe de Chalonnes à Rochefort-sur-Loire (Maine-et-Loire).

Fig. 8. — **Nevropteris callosa** Lesquereux. Pinnule de forme ordinaire. 1 kilomètre au Sud de Teillé (Loire-Inférieure).

Fig. 9. — **Nevropteris callosa** Lesq. *Aphlebia* de forme allongée. Même provenance.

Fig. 10. — **Nevropteris callosa** Lesq. *Aphlebia* large et plié. Même provenance.

Fig. 11. — **Nevropteris callosa** Lesq. *Aphlebia* de forme orbiculaire. Même provenance.

Fig. 12 à 14. — **Mariopteris muricata** Zeiller, forme *typica*. Bord de la route de Chalonnes à Rochefort-sur-Loire.

Fig. 15. — **Mariopteris muricata** Zeiller, forme *nervosa*. Même provenance.

Pl. LXXVIII.

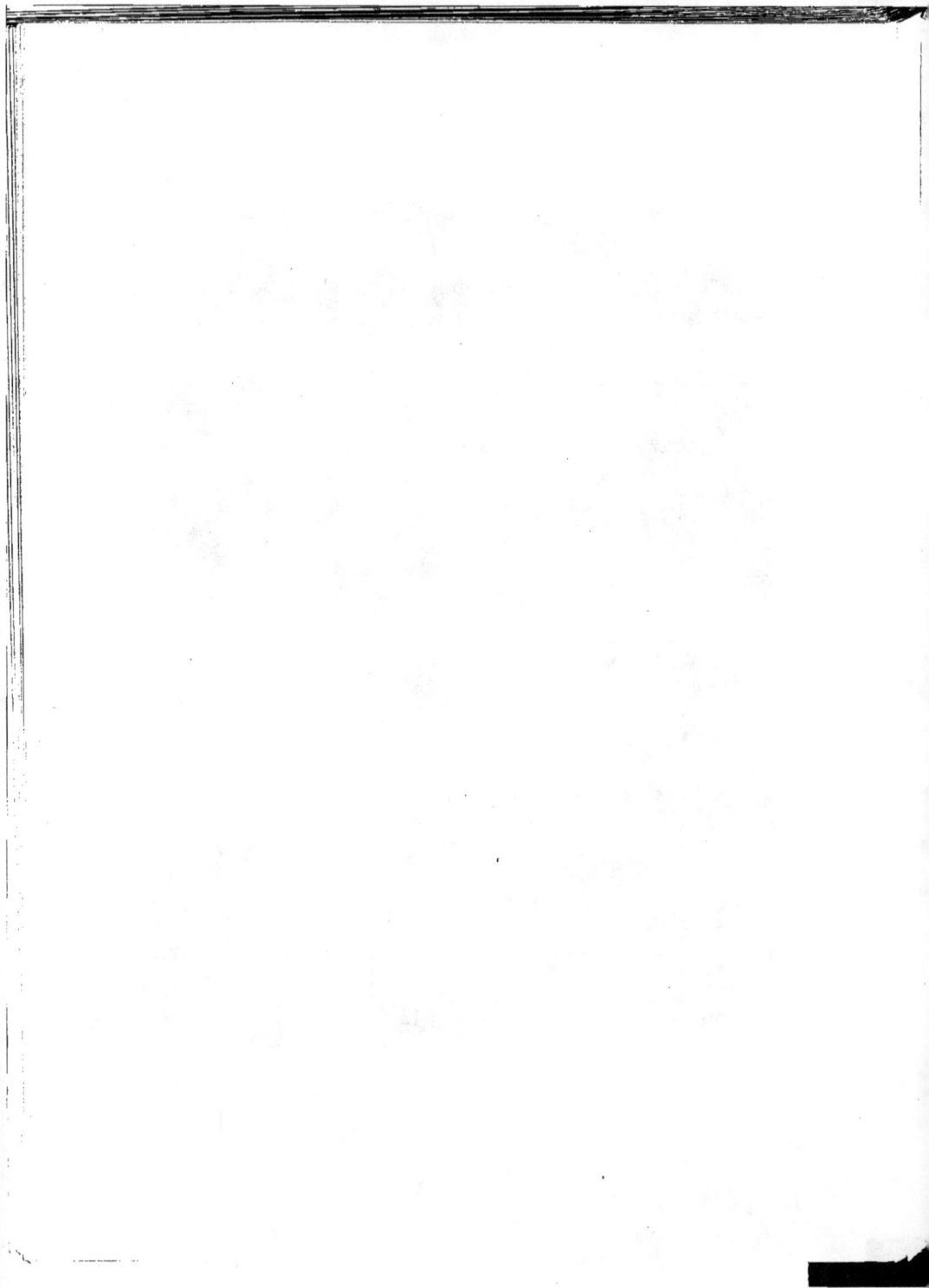

PLANCHE LXXIX

PLANCHE LXXIX.

EXPLICATION DES FIGURES.

HOUILLER MOYEN OU WESTPHALIEN.

NIVEAU INFRA-HOUILLER.

Fig. 1. — **Calamites Succowii.** Base d'une tige, à 1 kilomètre au Sud de Teillé (Loire-Inférieure).

Fig. 2. — **Calamites dubius** ARTIS. Sud de Teillé (Loire-Inférieure).

Fig. 3. — **Annularia ramosa** WEISS. Au Sud de Teillé (Loire-Inférieure).

Fig. 4. — **Asterophyllites equisetiformis** AD. BRONGNIART. Au Sud de Teillé (Loire-Inférieure).

Fig. 5. — **Alethopteris decurrens** ZEILLER. Au Sud de Teillé (Loire-Inférieure).

Fig. 6. — **Alethopteris Serlii** AD. BRONGNIART. Au Sud de Teillé (Loire-Inférieure).

Fig. 7. — **Alethopteris lonchitica** UNGER. Pinnule isolée. Au Sud de Teillé (Loire-Inférieure).

Fig. 8. — Même espèce. Extrémité d'une penne. Même localité.

Pl. LXXIX.

Clichés et Phototypie Sohier et Cⁱᵉ, à Champigny-sur-Marne.

PLANCHE LXXX

PLANCHE LXXX.

EXPLICATION DES FIGURES.

HOUILLER MOYEN OU WESTPHALIEN.

NIVEAU INFRA-HOUILLER.

Fig. 1. — **Asterophyllites longifolius** Goepp. 1 kilomètre au Sud de Teillé (Loire-Inférieure).

Fig. 2. — **Cordaites borassifolius** Unger. Bord de la route de Chalonnes à Rochefort-sur-Loire.

Fig. 3. — **Cordaitanthus gracilis.** Bord de la route de Nantes à Candé, 1 kilomètre au Sud de Teillé (Loire-Inférieure).

Fig. 4. — **Cordaitanthus foliosus.** Bractées plus courtes et bourgeons plus longs que dans l'espèce précédente. Même provenance.

Fig. 5. — **Samaropsis macroptera** n. sp. — Même provenance.

WESTPHALIEN.

NIVEAU SUS-MOYEN (GRAND'EURY).

Fig. 6 à 10. — **Nevropteris gigantea** Ad. Brongniart. Petite foliole du sommet d'une penne et autres folioles à formes normales, elliptiques, caduques. Petit bassin houiller de l'Écoulé (Maine-et-Loire).

Fig. 15. — **Cordaites principalis** Germar. Très gros bourgeon. Petit bassin houiller de l'Écoulé (Maine-et-Loire).

STÉPHANIEN.

Fig. 11 à 14. — **Megalopteris Virletii** Ed. Bur., **Cannophyllites Virletii** Ad. Brongniart. Grosse nervure médiane. Nervures secondaires très obliques. Limbe plus large d'un côté que de l'autre. Petit bassin houiller de Minières, près de Doué (Maine-et-Loire).

Pl. LXXX.

15   1   2

4   3

6   7

9   5   10

11   12   8   13   14

Clichés et Phototypie Sohier et Cⁱᵉ, à Champigny-sur-Marne.

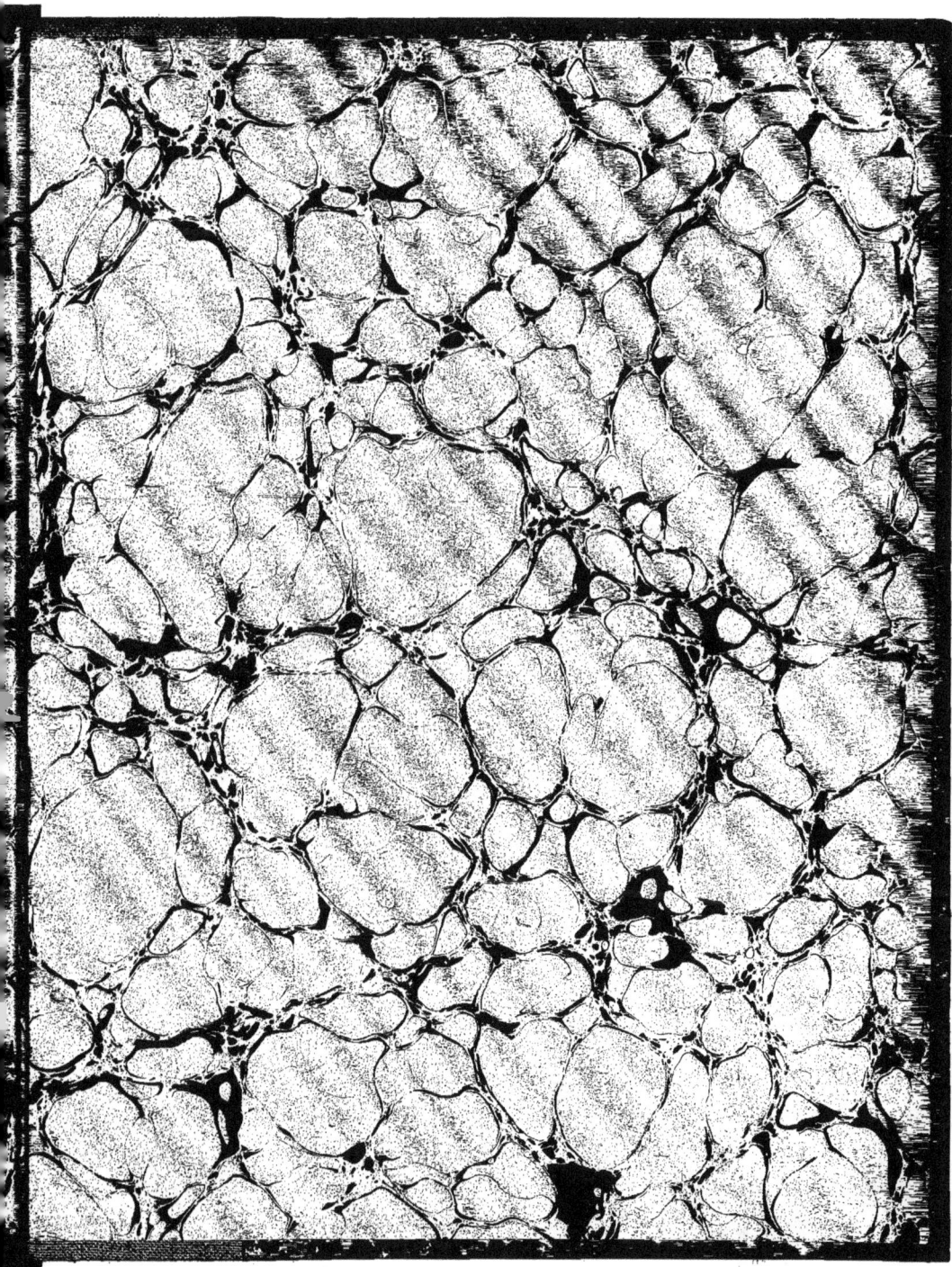